CRITICAL SKILLS

FOR

SOLVING DESIGN

PROBLEMS

解决设计问题的关键技巧

《解决设计问题的关键技巧》编写组／编

的

广西师范大学出版社
·桂林·

images
Publishing

图书在版编目（CIP）数据

解决设计问题的关键技巧／《解决设计问题的关键技巧》
编写组编 .—桂林：广西师范大学出版社，2022.1
　ISBN 978-7-5598-4235-0

Ⅰ . ①解… Ⅱ . ①解… Ⅲ . ①建筑设计－研究 Ⅳ . ① TU2

中国版本图书馆 CIP 数据核字 (2021) 第 174061 号

解决设计问题的关键技巧
JIEJUE SHEJI WENTI DE GUANJIAN JIQIAO

责任编辑：孙世阳
助理编辑：杨子玉
装帧设计：马韵蕾
广西师范大学出版社出版发行
（广西桂林市五里店路 9 号　　邮政编码：541004
　网址：http://www.bbtpress.com　　　　　　　　　）
出版人：黄轩庄
全国新华书店经销
销售热线：021-65200318　021-31260822-898
恒美印务（广州）有限公司印刷
（广州市南沙区环市大道南路 334 号　邮政编码：511458）
开本：787mm×1 092mm　　1/16
印张：16.25　　　　　　字数：138 千字
2022 年 1 月第 1 版　　　2022 年 1 月第 1 次印刷
定价：128.00 元

Contents 目录

建筑师的思考术

建筑师是如何解决设计问题的？有些建筑师可能在初次尝试时，便可以找到正确的解决方案。然而遗憾的是，我做不到，其他很多杰出的当代建筑师似乎也做不到。更确切地说，为了找到正确的解决方案，这些建筑师似乎乐于在设计过程中频繁地从头开始。

扎哈·哈迪德（Zaha Hadid）在 1985 年为一个公寓改造项目设计桌子时，曾有这样的感受："我们做模型、画草图，一切都进行过调整。餐桌设计经历了多个阶段。一开始的设计很粗糙，然后我重新画了草图，之后又进行了修改。"[①] 这个项目位于切尔西卡斯卡特路 24 号，最终成为该地区的标志性建筑，但显然通往这一成果的道路并不是一帆风顺的。

和大多数人一样，这些传奇的建筑师也是在批判模式运作下的学校里接受教育的。设计专业的学生被给予一系列设定条件：虚构的场地、项目和委托方，或许还有其他数据，然后花费数周或数月来制订并完善解决方案。在这一过程中，不时会有来自批判者的意见：他们的导师会定期给出意见，而在关键或最后阶段，通常还会有专业人士和学者进行评审。赢得所有评审人员认可的设计会获得高分。尽管如此，任何设计方案都免不了受到批判，接受强有力的学术批判的时候正是建筑师的教育经历中最受激励和启发的时刻之一。

[①] 特勒夫·马丁斯（Detlef Martins）、帕特里克·舒马赫（Patrik Schumacher）、约瑟夫·乔瓦尼尼（Joseph Giovannini）、扎哈·哈迪德，《扎哈·哈迪德》（*Zaha Hadid*），纽约：古根海姆博物馆出版（Guggenheim Museum Publications），2006 年，第 49 页。

在接受和消化批判性意见的瞬间，建筑师们成长了。他们通过批判者的眼睛看到了自己作品的不足之处，这些批判者在建筑设计领域更加训练有素，也更有经验。他们在这些意见中看到了解决问题的多种方法。假如我们将导师当作批判者，那么好的导师会倾听学生想要做什么，然后告诉学生他们的设计是如何以及在何处与这一目标背道而驰的。因此，富于创见的批判对学生来说是非常有益的，而不是一味地贬低。简单地说，批判者变成了学生设计团队的一员，并帮助学生完善他们的想法。

然而，当建筑师从学校毕业后，他们通常会进入一个对批判和设计持有不同态度的专业环境。委托方的需求（有时是不合理的）和相关规范要求（常常令人感到压抑）主导着设计过程。这时，效率是一个新的问题。真实的项目案例有真实的影响。资金、安全责任、截止日期和政策法规使学校里井然有序的设计、批判和修改流程变得复杂起来。

在从建筑专业学生成长为专业建筑师的过程中，批判逐渐变成了一件"坏事"。委托方会因为没有得到满意的设计理念而感到不悦，建筑师会因为有可能失业而感到痛苦和恐惧。不断的修正使建筑师开始质疑自己最基本的能力，于是他们开始觉得避免犯错比勇于创新更重要一些。

即便已经成为一位专业建筑师，也常常会失去探索创新性的解决方案的动力。如果一个解决方案在先前不同委托方的不同场地获得了认可，那么为什么不能重复使用呢？毕竟，新的方案常常会被否定。

当然，出色的建筑师能够完成既让委托方满意，又能获得成长的建筑设计。他们遵循设计规范，并能为使用者打造安全的环境。这些建筑使社区日益壮大并且富有活力，他们对这一想法进行了独特的表达：特定问题的特定解决方案能够带来一些全新的、有意义的东西。我认为这些出色的建筑师并不担心效率或是犯错，他们把那种对学术的批判态度带入了工作。他们的办公室里到处都是模型、草图，还有硬盘——那里存放的想法也许永远不会呈现于世。

这本书向不同的建筑师提出了一些问题，但并没有要求建筑师直接给出答案，而是请建筑师预先说明一下自己在实际项目中是如何解决这些问题的。这些问题更像是一系列方法或规则，供建筑师参考或遵循，当然并不是每个项目都会遇到很多问题。实际上，这些问题反映了批判者的内在价值。本书邀请的是一些思想开放但又坚信自己的设计理念的建筑师，鼓励他们结合自己的设计案例，对这些问题进行回应，并提醒建筑师保持警惕，始终忠于自己的目标。值得注意的是，他们都不鼓励一味地提高效率或是完全规避错误。

本书还特别提倡"不做任何预判"，这能引发很多共鸣。显然，这些实践者都希望避免刻板的模式。我相信大多数出色的设计师都是这样的。

来自瑞士的建筑师雅克·赫尔佐格（Jacques Herzog）曾被问及是否还会参考事务所为蛇形展廊户外馆（Serpentine Pavilion）所做的设计，他的回答是："作为一个项目，它已经完工了。作为一个概念，它与我们的很多项目一样，尚未完成。"[②] 本书的其中一个主张是："相信有效的设计举措是有前途的，即便目前还无法落实。"我认为这和赫尔佐格的话有相似之处。在设计过程中，尽管一些概念暂时无法实现，但是未来仍有可能会实现，并用于项目独特的环境而呈现出不同的样貌。在背景条件不同的情况下，批判和修正的过程将会带来不同的结果。

本书还建议建筑师要以团队协作的方式来解决那些被忽视的问题，我认为出色的建筑师基本上都认可这一原则。建筑是一种坚固而复杂的东西，仅靠一个人的力量是远远不够的。每个为项目做出贡献的人都应该发表自己的意见，建筑师需要合作来解决问题。"寻找问题"是建筑师的一项重要技能，它与另一项重要技能吻合：找到关键问题并找出解决方案。建筑师不仅要解决问题，还要发现问题。因此，他们的任务不仅仅是提供简单的答案，建筑的每个角度、每次协商会议、每条相关的建筑规范、每一棵树以及场地内外的一切都存在调整设计的机会。同样，弗兰克·盖里（Frank Gehry）曾说："我们从用来探索项目、功能和体量的场地模型和街区模型入手。我会画草图，一旦我们觉得草图可

<hr />

② A. J. P. 阿提梅尔（A. J. P. Artemel）、拉塞尔·勒斯陶尔吉昂（Russell LeStourgeon）、维奥莉特·达·拉·塞莱（Violette de la Selle）与雅克·赫尔佐格的访谈（Interview with Jacques Herzog），耶鲁大学的建筑杂志《展望》（*Perspecta*），第 49 期，第 170 页。

行，就会建立一个又一个模型。我们为每个细小的部分而感到苦恼，我会盯着某个模型看上好几个小时，接着做出些许改动，最终的设计就这样慢慢地成型了。这些也有委托方的功劳，他们也是其中的一部分，因此，这个过程是我们共同协作完成的。"[3]

"准确理解客户的意图"可能是最容易被忽略的原则。"客户"指的是委托方，在法律或合同意义上的"甲方"。理解客户的要求需要同理心，而不是依靠一种枯燥的契约情感。我认为，认真地倾听委托方的想法并了解他们的意图是为了给建筑师进一步的批判性思考提供素材。这就要求建筑师不要停留在简单的项目概要上，而要了解人们、社区或组织委托建造某个建筑的深层动机。

情境主义者指的是在 20 世纪 50 年代末至 70 年代初活跃的一群国际思想家和艺术家，近些年来他们深受建筑师，特别是建筑学术界的欢迎。我认为这种情况的出现至少有一部分原因是这个团体强调一种鼓励打破边界、拥抱机遇的生活和创造模式。对于经历过批判教育的建筑师来说，这种模式并不陌生。

情境主义思想的核心是"派生"或"漂泊"，他们不会按照线性路线或地图来确定方向，而是有意地选择非线性路线。有时，他们的"旅行"显然是不合逻辑的：比如，在巴黎地图的帮助下探索德国的一个区域。著名的情境主义者，荷兰情境主义艺术家康斯坦特·纽文惠斯（Constant Nieuwenhuys）曾说："行为的

③ 弗兰克·盖里、布鲁克·霍奇（Brooke Hodge），《雾：向四面八方流动》（FOG: Flowing in All Directions），洛杉矶：Circa 出版社，2003 年。

自由化需要迷宫般的社会空间作为支持，但同时也需要进行不断的改变。人们再不会有任何迷路的可能，而是积极地探寻先前未知的道路。"④

本书还尝试询问建筑师如何在复杂无序的环境中保持好奇心。这个问题强调了批判性对话的核心，也或许是向在非线性模型中寻找真理的情境主义概念更进了一步。当人们仍然好奇时，便不会固执地坚持一个想法，也许会有更好的解决方案。

有时，在一个混乱无序的项目中，不守规矩的委托方、不理想的工地以及毫无助益的施工方反而给设计带来特别的转机，因为无序性和复杂性正好可以检验设计方案的效果。本书中受访的建筑师提醒我们，要在不放弃基本理念的情况下，根据这些不断变化的需求调整我们的设计。他们实际上善于通过发现设计中不重要，甚至违背需求的元素来完善解决方案。要将逻辑应用到情境主义领域中，与规定路线相比，迷失方向的背后反而会有更多的故事。

在经历了彷徨、好奇和思考后，建筑师终于获得了满意的设计解决方案，我写过关于这一过程的价值的文章，但或许这种思维方式也能创造一种对使用者来说响应更好，也更值得回味的建筑空间。著名的情境主义者居伊·德博（Guy Debord）说："在建筑内部，派生的手法往往会促进各种由现代建造技术打造的新迷

④ 康斯坦特·纽文惠斯，"迷失方向的原则"（The Principle of Disorientation），《情境主义者：艺术、政治、城市化》（Situationists: Art, Politics, Urbanism），巴塞罗那：ACTAR 出版社，1996 年，第 87 页。

宫的形成。"⑤

当人们踏上一条非指定的、蜿蜒的，甚至是疯狂的道路时，他们常常会获得意想不到的回报。同样，当一个建筑师接受批判性意见时，他们可能会为一个原本琢磨不透的问题找到答案。

当我还是小学生的时候，一次数学考试要求我们对代数问题的解答过程进行解释，而不是简单地算出问题的答案。那时，我刚好学习了"猜想和核验"（guess and check）的概念，便将这一概念作为我的答案，结果是我并没有通过考试。当然，我学会了代数，以及后来的一些更为复杂的数学知识。但是，"猜想和核对"这一基本策略一直是我的建筑师职业生涯的指导原则。然而事实上，我并不知道设计问题的解决方案是否会起作用，直至亲眼所见。因此，我绘制草图、构建模型，构造无数的数字模型，模拟建造全尺寸的实物，但在这些步骤之后，设计方案可能仍需要进行调整。我没有公式，我想我也永远不会有。幸运的是，我不是数学家。

保罗·迈克尔·戴维斯（Paul Michael Davis）

美国，西雅图

⑤ 居伊·德博，"派生理论"（Theory of the Derive），《派生理论及其他情境主义者的城市创作》（Theory of the Derive and other Situationist Writings on the City），巴塞罗那: ACTAR 出版，2000 年，第 23 页。

观点分享与案例赏析

Ideas & Case Studies

"建筑是对人类空间的塑造。建筑师创造的空间运动是其根本所在。"

Paul Michael Davis

保罗·迈克尔·戴维斯

保罗·迈克尔·戴维斯是华盛顿州的注册建筑师和 LEED（能源与环境设计先锋）认证专家，曾就读于美国华盛顿大学（University of Washington），并于 2000 年获得双学士学位，2003 年获得建筑学硕士学位。在创立自己的工作室之前，保罗曾在洛杉矶和纽约等地的国际知名建筑公司工作过数年，如弗兰克·盖里在洛杉矶的办公室。

项目名称 --- Whole Earth 蒙台梭利学校
项目地点 --- 美国，博塞尔
完成时间 --- 2017
项目面积 --- 360 平方米
设计 --- 保罗·迈克尔·戴维斯建筑事务所
摄影 --- 戴尔·朗（Dale Lang），保罗·迈克尔·戴维斯

保罗·迈克尔·戴维斯建筑师事务所（PMDA）将学校的教学理念与周围的自然环境结合，为一所郊区小学进行了改扩建设计。设计灵感来源于三项式立方体——"Whole Earth 蒙台梭利学校"的一种教具。

三项式立方体是由 27 个木块构成的"三维拼图"。在这个项目中，27 块玻璃象征着这 27 个木块。其中，最大的窗户特意设置在建筑的北立面，因为北面不受阳光直射，这样可以避免过度的热量

积累和刺眼的日光。

建筑位于郁郁葱葱的溪边草地上。由于该场地被《美国濒危物种法案》列为濒危物种的重要栖息地，不允许进行新的开发，所以只能在原有地基上对建筑进行扩建。PMDA 巧妙地利用原有的矩形混凝土地基，处理了混凝土矩形模块，并以此作为一个机会，建立了一个非常简单的立方体体块。他们在该体块上对窗户进行了进一步的设计。楼梯位于建筑外侧，这样不但可以最大化地利用内部空间，而且使楼梯仍在原有规定面积之内。为了使内部空间全天享有充足的自然光线，建筑师将所有窗户都设置在新建筑的角落里，这样可以从各个方向引入光线，同时还能减小体块的体量感。建筑的大扇窗户、宽大的悬挑结构和外部楼梯都为学生提供了亲近自然的机会。

如何解决场地条件带来的不利因素？

"Whole Earth 蒙台梭利学校"项目的场地面积非常有限，新建筑替代了位于敏感湿地区域的老建筑。城市分区条例规定，我们不能增加建筑面积或高度，但我们的客户需要尽可能多的空间，因此，不能为了追求美观的造型而刻意缩减或增加建筑的体量。

面对这样的场地条件，我们设计了一个拥有倾斜屋顶的简单的盒式结构，并通过复杂的开窗设计传达了一种冲破场地限制的概念。

在设计过程中，如何全面、客观、不先入为主地提出解决方案？

设计就是解决问题的过程。对我们来说，解决问题的最好方法是想出多种备选方案，然后从中选出我们最喜欢的三个解决方案，并将它们制作成 3D 实体模型进行展示。在"Whole Earth 蒙台梭利学校"项目中，我们为客户提供了三个方案，每个方案都有自己的优势，但其实我们清楚哪一个是最好的。

如何使抽象化的空间被感知和体验？

建筑是对人类空间的塑造。建筑师创造的空间运动是其根本所在。我们使用 3D 软件，它能为我们提供空间运动的实时图像。比这更重要的，是设计师对 3D 模型的理解，以及他们在想象空间中随意移动的能力。在设计"Whole Earth 蒙台梭利学校"时，我们对室内空间与外部自然环境之间的关系以及如何利用周围的景色进行了仔细考量，并试图使其与场地上的其他建筑和景观空间建立关系。这些关系可以通过我们在想象空间中的移动而变得鲜活。

如何协调功能、空间、风格和动线之间的关系？

建筑不是静态的体块，也不是简单的空白空间。我们建造建筑以满足人们的需求，这些需求还伴随着一些复杂的情况。在"Whole Earth 蒙台梭利学校"这个项目中，各个方向都有流动的需求，桌子、椅子及其他教学元素的布局需要保持灵活。我们的解决方案是打造两个叠放在一起的开阔空间，尽量减少阻碍物。我们的注意力集中在优化封闭体量上，避免空间规划过于复杂。

剖面图

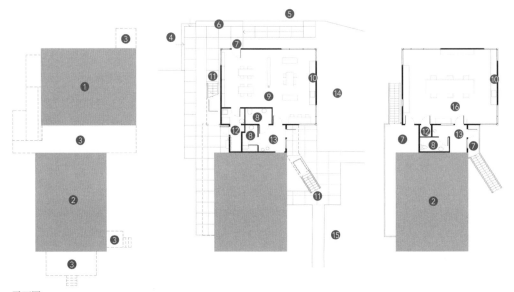

平面图

① 将 20 世纪 70 年代的住宅改造
　成教室和办公室
② 将 20 世纪 70 年代的车库改造
　成教室和办公室
③ 移除平台、门廊和坡道
④ 落客停车区
⑤ 车道
⑥ 长凳
⑦ 入口
⑧ 洗手间
⑨ 教室
⑩ 厨房和库房
⑪ 通往高层的楼梯
⑫ 机房
⑬ 前厅
⑭ 草坪
⑮ 游乐场
⑯ 办公 / 灵活空间

如何利用规划和想法推进设计？

我们发现，在整个设计过程中，建筑图解非常有用，因为它对概念进行了纯粹的表达。我们喜欢在图纸绘制过程中定期回头查看草图，以确保我们不会偏离初始概念。在设计 "Whole Earth 蒙台梭利学校" 时，三项式立方体窗户的草图是最重要的。即便我们完成了最后的施工图纸，也还是要回头参考一卜草图，以确保最终的窗户尺寸完全符合组块的比例。

如何准确地理解客户的意图？

艺术家偶尔会接受客户的委托，但是他们大多时候只会创作他们自己想要的作品，如果幸运的话，会有人买下这些作品。但建筑设计始终是由客户的委托决定的，因此理解并满足客户的需求是建筑师最基本的工作。在"Whole Earth 蒙台梭利学校"案例中，我们很幸运地遇到了对设计充满热情并参与其中的客户。我们与客户协作完成了整个设计工作，而最终成果也比我们单纯依靠自己的力量完成设计要好得多。

如何将客户的建议融入设计方案？

仔细聆听客户要求你做什么，然后找到一种创造性的方法来解决他们的问题。在"Whole Earth 蒙台梭利学校"项目中，客户积极参与设计，我们从客户的想法中获益良多。你的客户比你更了解他们的项目，承认这一点很重要。他们需要你的才华和专业技能，但是你需要让他们认识到他们真正需要什么。

起初，我们考虑过用多种方式将这个建筑的两个楼层联系起来，但是客户帮助我们了解了这两个楼层的用途：上层是一个办公空间，还可供大孩子使用；下层则是一间供小孩子使用的传统教室。两层之间需要进行分隔。客户帮助我们厘清了项目，使我们可以将注意力放在三项式立方体窗户的设计上。

如何对自己的方案做出评价和判断？

每当我们面临设计问题时，我们都会想出多种解决方案。从整体场地规划和概念设计到五金的选择，每个

设计阶段都会如此。我们可以从多种选择方案中选出
最有竞争力的方案。

如何在复杂、无序的情况下保持好奇心，以创造良好的秩序？

创意设计的表达机会随处可见。每栋建筑的施工过程
都是复杂而无序的，但我们一直在寻找办法，将施工
过程中发现的每个意外情况转化为项目的特点。

如何处理那些未能落地的创意？

每个项目的背后都有数十个，甚至上百个被驳回的想
法。我们会将它们存档，并时不时地拿出来参考一
下——这是一个设计理念和解决方案的存储库，可以
解决项目初期的一些突发问题。

如何始终保持既定的设计方向？

我们想说的是，建筑师不应该忽视推动项目发展的总
体概念。引入与整体设计方案关系不大的特殊材料或
是创造诱人的空间是吸引人的，但我们发现，如果抵
制这种"拼贴"效应，并专注于我们反复推敲之后确
定下来的方向，最后那个项目往往会更出色。

如何对设计的进展做出全面的判断并优化设计过程？

从某种意义上说，建筑师始终是在"设计"他们的设
计过程。他们沿着昔日成功案例筑起的道路不断探索，
但是每个项目都是不相同的。因此，在一个项目的设

计过程中有意义的特定举措、步骤或规则在下一个项目中可能是毫无意义的。

如何发现关键问题并寻求解决方案?

作为建筑师，我们的主要工作是解决问题。然而，我们往往是首先发现这些问题的人。客户会列出他们的需求

或存在的"问题"，但我们接受过专业培训，能够以不同的方式对空间进行思考。对我们来说，明确一个场地或项目，甚至我们自己的设计方案的缺陷，然后提出解决方案是非常重要的。

在发现可能被忽视的问题方面，团队协作可以起到什么作用？

建筑往往过于庞大、复杂，只靠一个人是无法完成的。我们必须以团队协作的形式完成项目设计。作为一个设计团队，设计问题可以在我们内部解决，但更重要的是，我们要与客户和承包商密切合作，以确定设计方案还存在什么问题，并协作寻找解决这些问题的创造性方案。在"Whole Earth 蒙台梭利学校"施工期间，我们在客户和承包商之间来回奔波，完成前门混凝土台阶、坡道和长凳的布置。最后，我们设置了安全屏障以阻挡汽车驶进，为孩子们打造了一个可以自由玩耍的地方。对于这个解决方案的成功实施，我们的客户和承包商理应与我们一样受到褒奖。

如何应对设计过程中的突发状况？

不要忘记，这些意想不到的问题往往会充实你的设计。就"Whole Earth 蒙台梭利学校"这个项目而言，为了应对灭火器的布置要求，我们不得不展开了新一轮的设计，而这并不在最初的计划之内。在重新解读设计方案的过程中，我们再次以三项式立方体的概念作为关键核心，但以不同的排列方式对 27 个方块进行布置，使其与不同的视角、动线和功能相呼应。

"我们喜欢模拟人在空间中移动，并且经常用到很多传统的纸板模型，而不是数字模型。"

Périphériques
Architectes

Périphériques
建筑事务所

20 年来，Périphériques 建筑事务所不断发展，提出了一种多人创造模式——他们邀请其他建筑师合作。所有合作都是以研究为基础的，他们采用了一种多学科方法，结合了建筑、城市规划、场景设计和通信等多个领域。事务所涉及的项目包括住宅、文化建筑、教育建筑和服务设施。他们在应对复杂的项目上有着丰富的经验。

项目名称 --- Coallia 社交住宅和餐厅
项目地点 --- 法国，巴黎
完成时间 --- 2017
项目面积 --- 5229 平方米
设计 --- Périphériques 建筑事务所
摄影 --- 吕克·伯格利（Luc Boegly），
Périphériques 建筑事务所

该建筑内有 173 间家庭工作室和一家餐厅。在对各种制约因素（期限、环境、需要建造的建筑体量等）进行详细的分析之后，现有的两栋建筑中的一栋被保留并改造，另一栋被拆除，为新建筑腾出空间，而建筑内部只面向住户开放的共享庭院也被保留下来。

建筑立面的覆层为彩釉赤陶土砖。砖的排布方式围绕 350 多个窗户而变化，以消减 173 间家庭工作室可能带来的重复感。建筑师制作了三种挤压的陶土剖面，砖面的彩釉在受到周围的光线反射

后产生了不同的视觉效果。为此，他们打造了三个可拉伸的剖面，其曲面角度各不相同。

每间工作室都有浴室和小厨房。底层空间的公共区域、洗衣房、会议室、办公室、客厅都装有采光和视野良好的玻璃窗。餐厅沿用了项目纵横交错的布局。餐厅的外墙以黑色的金属大框架为标志，上面的屋顶长满了茂盛的草。

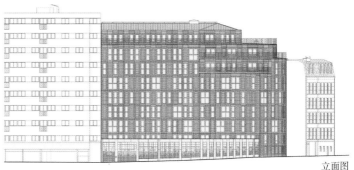

立面图

如何解决场地条件带来的不利因素？

场地条件和现有建筑的状况是设计师反思自己设计的基础，它们指导、滋养并展现我们的创意。就"Coallia 社交住宅和餐厅"项目而言，原有的两栋离街道有一定距离的平行六面体建筑是由建筑师安东尼·贝丘（Anthony Bechu）于 1978 年建造的。在进行结构扩建时我们发现，与拆除和重建相比，以原有建筑的规模打造足够数量的住房可以更好地节约能源。另外，

建筑结构条件也与新型住房的发展相适应。于是设计团队提议保留一部分原有建筑。

在设计过程中，如何全面、客观、不先入为主地提出解决方案？

即便设计过程往往复杂且艰难，但我们还是非常兴奋。这就是我们的职业最神奇的地方——每个项目都是不一样的。由于每个项目的环境和参数都是特别的，因此建筑师无法提前做出预测。完成每一个项目的过程都是一场冒险，都会发生新的故事。

如何使抽象化的空间被感知和体验？

我们喜欢模拟人在空间中移动，并且经常用到很多传统的纸板模型，而不是数字模型。这样一来，我们能够多角度地审视建筑空间。

如何协调功能、空间、风格和动线之间的关系？

现场条件和不同功能空间的组合总是能创造出特别的效果——这就是为什么每一个项目都是独特的。

"Coallia 社交住宅和餐厅"项目选择将原有建筑囊括进来，增加场地的密度并重新定义城市的天际线。其中一栋原有建筑被保留下来，并对其进行维护和改造，而另一栋则被拆除，为与街道平行的新建筑让出空间，以形成连续的城市街景。全新的规划使内部空间得以

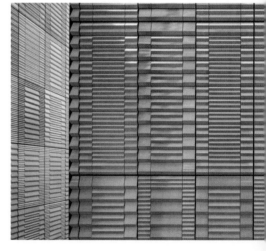

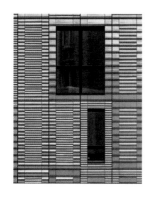

拥有一个风景优美的庭院。改造和新建的部分通过同质的立面实现了统一。

如何利用规划和想法推进设计？

我们的作品是建立在研究的基础之上的：每个成果都是我们经验的一部分。如果项目获得认可，研究成果最终会被重复使用。新项目总是从先前项目的发展中获益。

如何准确地理解客户的意图？

这当然是我们必须要应对的问题，因此我们会尽力做到最好。但是，我们会以顾问的角度使客户意识到，他们的想法并不总是最好的、理想的。建筑师可以引导客户重新考虑要解决的问题。这是全新的视角，要允许客户逐渐适应项目。

如何将客户的建议融入设计方案？

建筑师必须懂得如何辨别客户的真正意图，如何提出备选方案，如何进行讨论，以及如何灵活地整合这些建议。

如何对自己的方案做出评价和判断？

对建筑进行鉴别、评论、验证和判断的往往是建筑的使用者以及附近的居民。对"Coallia 社交住宅和餐厅"项目来说，原有建筑遭到严重损毁，很多人希望我们可以拆掉它。但如今，人们会重新审视这里，感受建筑所使用的特殊材料。

如何在复杂、无序的情况下保持好奇心，以创造良好的秩序？

我们欣赏复杂的项目。对"Coallia 社交住宅和餐厅"项目来说，我们不得不在一个非常狭小的地块上建造一栋建筑，容纳 173 间家庭工作室，同时试图为每个住户提供令人愉快的环境。用一个简单的解决方案完成目标是我们工作中最希望看到的，但面对这样复杂的设计条件时，我们不得不通过大量的数据分析来创建良好的秩序。

如何处理那些未能落地的创意？

我们的作品是不断研究的成果。有些可以应用到正在进行的项目中，有些则可能应用到未来的项目中。20年来，我们一直在研究各种材料，试图为每个相关问

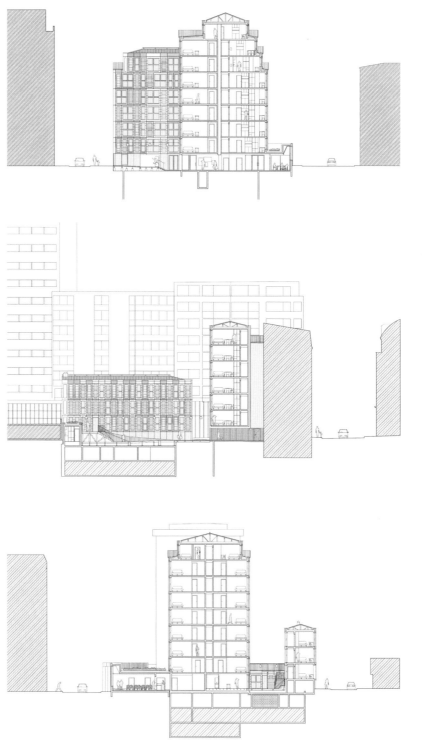

剖面图

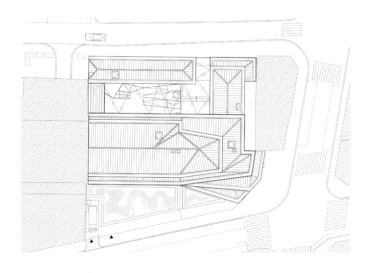

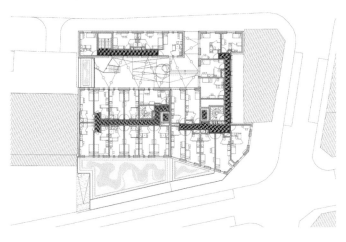

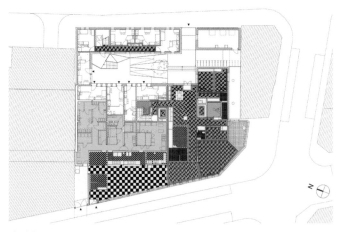

平面图

题找到合适的解决方案。我们努力为每一个项目做得更多。因此，我们的工作是一个永恒的进程。

如何始终保持既定的设计方向？

有时，"偏离"设计方向的方案会带来全新或不同的元素，如果设计团队仔细研究这些看似"偏离"方向的想法，也许会使项目的初始概念变得丰富起来，为设计工作带来新的方向。

如何对设计的进展做出全面的判断并优化设计过程？

经过 20 年的实践，我们的设计理念变得越发成熟。研究工作基本不会浪费太多的时间，我们更加清楚我们不想要什么。从某种意义上说，工作进程加快了。

如何发现关键问题并寻求解决方案？

寻求解决方案是我们工作的核心。我们会一直创造新的空间、设计或图案形式，并且会在多个层面提升自己，并找到恰当的解决方案。

在发现可能被忽视的问题方面，团队协作可以起到什么作用？

20年来，为了与更多合作者分享和交流，我们在概念规划期间和项目施工过程中与合作者对各个问题进行交流，并针对项目召开重要的工作会议。这些交流是设计的根本所在，即便今天的我们已处在自主发展的阶段。

如何应对设计过程中的突发状况？

每个项目都是不同的，并且总会出现意想不到的问题。这就是我们工作的一部分，这些巨大的挑战激励着我们寻找最佳解决方案。

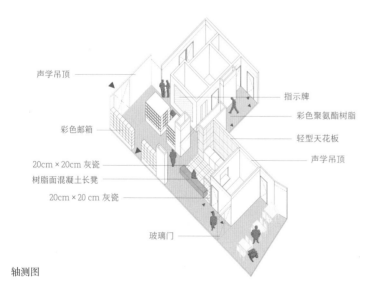

声学吊顶

彩色邮箱

20cm×20cm 灰瓷

树脂面混凝土长凳

20cm×20 cm 灰瓷

玻璃门

指示牌

彩色聚氨酯树脂

轻型天花板

声学吊顶

轴测图

"虽然我们预先对关于一个项目的每一件事都进行了记录，但是我们依然会根据场地、客户、预算和参数对项目进行个性化处理。"

Daryl Olesinski, Martina Linden

达里尔·奥莱辛斯基，玛蒂娜·林登

达里尔·奥莱辛斯基（Daryl Olesinski）就读于威斯康星大学密尔沃基分校（University of Wisconsin-Milwaukee），获得建筑学理学学士学位，并在南加州建筑学院（Southern California Institute of Architecture）获得建筑学硕士学位。在职业生涯最初的几年里，他为洛杉矶市的多家建筑事务所工作过，这对他的职业生涯至关重要。达里尔于 2003 年开始创办 O+L 设计事务所，与妻子玛蒂娜·林登（Martina Linden）一同工作。O+L 倡导的设计美学是微妙、干净、优雅。他们擅长将建筑空间扩展至花园、露台及自然景观。

项目名称 --- Ravoli 住宅
项目地点 --- 美国，太平洋帕利塞兹
完成时间 --- 2018
项目面积 --- 1268 平方米
设计 --- O+L 设计事务所
摄影 --- 托德·古德曼（Todd Goodman），LA Light 摄影

该项目场地位于太平洋帕利塞兹地区中心的一片斜坡上，因此，住宅所在地块的上下相差 9 米多。

Ravoli 住宅占地不到 1300 平方米，被定义为"加州现代主义庄园"。建筑充分利用场地斜坡，并通过加宽的方式打造伸入场地的翼式结构，以"捕捉"花园空间，设置景观和服务设施。为了保护隐私，建筑师设计了一系列的墙壁和围栏，明确了住宅的边界。穿过大门后，住宅的入口是一个带有水景设施的下行入口花

园，从这里可以看到威尔罗杰斯州立公园（Will Rodgers State Park）的斜坡。住宅的两翼像改良过的 T 字形，延伸到景观中。

除了设有客厅和餐厅之外，住宅内还设有大型厨房、家庭活动室、图书室、影音室、酒窖、健身房（包含桑拿房）、冬季衣橱、客房和主卧室。所有这些与一系列大型平台、天井和泳池实现了完美的平衡。

大量玻璃和贯穿整栋建筑的木板削弱了板形混凝土墙的厚重感。建筑材料从室内沿用到室外，入口"消失"在内部区域，室内地面延伸至平台和露台，所有这些均有助于建立起室内与室外的联系——住宅与土地密切相连，整个场地得到充分利用。

南立面图

如何解决场地条件带来的不利因素？

我们处理所有项目的方法都是从大量的现场分析入手，研究所花费的时间影响着我们的设计进程。在研究中，我们可以了解项目空间的优缺点，无论壮丽的景色、可怕的交通噪声、怡人的自然风，还是阳光穿过场地的方式。研究结果会引导我们在设计过程中掩盖缺点，强化优点。

剖面图

在设计过程中，如何全面、客观、不先入为主地提出解决方案？

当项目开始时，我们会努力避免先入为主，也不重复做同样的设计。我们最不喜欢两件事：一是我们刚在一个地方待了十分钟，就开始被问建筑建成后将是什么样子；二是有人说他们只是想要一栋已经建好的建筑的复制品。项目与人一样都是独立的，也应该被当作个体来对待。学习和思考对整个设计过程来说是非常有必要的。

如何使抽象化的空间被感知和体验？

我认为所有建筑师都应该能够从立体角度观察空间，并理解比例和规模在平面和剖面上的重要性。让建筑师理

解这些关系并不难，但是让客户理解这些关系很难。我们发现，大多数客户并不真正完全了解建筑的空间、比例和规模，以及它们的个体空间，只有在建造过程中走进建筑，他们才会有切实的感受。为了尽最大努力解决这个问题，我们办公室利用 3D 建模软件让客户置身于建筑及其内部的个体空间。在"Ravoli 住宅"的设计过程中，我们就是利用物理建模和三维可视化建模来展现建筑的各个阶段的。

如何协调功能、空间、风格和动线之间的关系？

"空间""功能"等元素在设计过程中扮演着重要的角色，我们认为它们是建筑与场地、环境、微观和宏观气候的关系，以及建筑使用者与建筑及周边关系的自然延伸。我不确定用"协调"这个词是否恰当。作为一个设计事务所，我们的设计立足于对场地及建筑与场地之间关系的理解。在"Ravoli 住宅"项目中，我们让一系列相邻空间沿着场地的自然斜坡向下延伸，直接向花园和露台开放。同时，我们尽可能地规划好动线，让空间从一个向另一个自然地过渡。综上所述，空间的构成和动线规划影响着我们对建筑的规划方式。

如何利用规划和想法推进设计？

虽然我们预先对关于一个项目的每一件事都进行了记录，但是我们依然会根据场地、客户、预算和参数对项目进行个性化处理。我们会回顾以前做过的项目以寻找经验和灵感，但这只是我们设计过程中的一个环节。

如何准确地理解客户的意图？

当我们接手一个项目时，客户通常已经有了一块可以建设的土地。作为建筑师，我们的工作有一大部分内容是围绕客户为何会被此处房产吸引，以及设计可以做些什么来强化场地的优势来展开的。我们不认为客户购买某处房产会有什么特别的原因，而是坚定地认为仅仅是因为某处房产对他们具有吸引力罢了。

如何将客户的建议融入设计方案？

我们通常不会带着先入为主的想法开展项目，但是客户可能会，所以我们不得不在设计过程中随时考虑客户的一些想法。我们要对这些想法的效果及时做出判断，因为有些想法可能并不实际，不太可能会有好结果。将客户的想法与我们的想法结合，是设计过程中的一部分。

每个住宅项目都会体现业主关于房屋设计的个人想法。作为建筑师，我们要尽可能地实现业主的想法与适合项目的方案之间的平衡。业主比我们更了解他们自己的生活方式，因此，我们需要重视他们的想法。在"Ravoli住宅"项目中，业主赋予了我们极大的自由，几乎从未质疑过我们。但是，我们了解到有一些设计元素是业主无法接受的。例如，家庭活动室和厨房可以获得大量的直射阳光，但我们知道这些空间在夏天时会变得非常炎热，因此，设计了一个钢框架进行遮挡，以减少这些空间的阳光直射。但是，业主无法接受这样的设计，他们觉得这会限制他们的视野，于是我们放弃了这部分设计。我们坚定地认为这是房子的必要元素，但现实是建筑师不是业主，我们不能代替业主住在这里。

如何对自己的方案做出评价和判断？

作为一家设计事务所，我们负责设计方案，在与客户见面之前还会有内部审核和讨论环节。作为建筑师和设计师，我们通过项目进行学习，不断总结经验和教训。自我评估的能力对成为一名设计师来说至关重要。"Ravoli 住宅"这个项目所面临的挑战是：这栋建筑是为投资置业设计的，因此需要达到一种微妙的平衡状态。它必须既是一栋引人注目的现代住宅，又要足够安全和传统，以吸引更多的买家。在这种情况下，我们选择了一些材料进行讨论并做出决定，也是在这个过程中才真正开始对自己的设计进行审视。

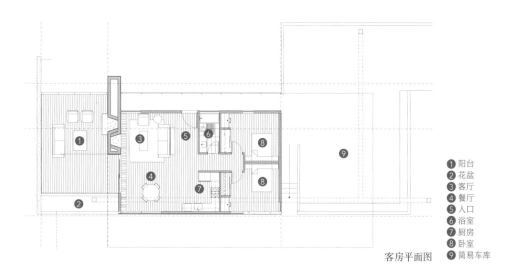

1 阳台
2 花盆
3 客厅
4 餐厅
5 入口
6 浴室
7 厨房
8 卧室
9 简易车库

客房平面图

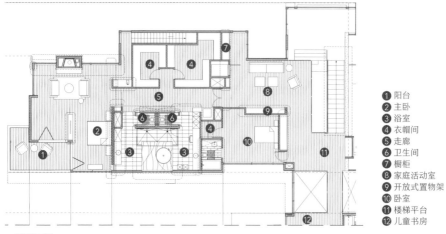

二层平面图

❶ 阳台
❷ 主卧
❸ 浴室
❹ 衣帽间
❺ 走廊
❻ 卫生间
❼ 橱柜
❽ 家庭活动室
❾ 开放式置物架
❿ 卧室
⓫ 楼梯平台
⓬ 儿童书房

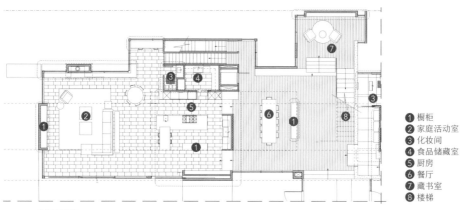

一层平面图

❶ 橱柜
❷ 家庭活动室
❸ 化妆间
❹ 食品储藏室
❺ 厨房
❻ 餐厅
❼ 藏书室
❽ 楼梯

地下室平面图

❶ 露天阳台
❷ 办公室
❸ 健身房
❹ 健身房浴室
❺ 蒸汽淋浴房
❻ 桑拿房
❼ 大厅
❽ 酒水间
❾ 化妆间
❿ 库房
⓫ 机房
⓬ 剧场

如何在复杂、无序的情况下保持好奇心，以创造良好的秩序？

对设计的各个方面保持好奇心是建筑师职业追求的基础。在混乱和无序的状态下兼顾大局和细节，在设计过程中至关重要。复杂性和无序性是设计的一部分，留出足够的精力来处理它们也是项目成功的关键。超负荷工作下的疲乏状态也是一大问题。但是为了保持创新性，并忠于最初的设计愿景，我们需要保持积极的状态。在"Ravoli 住宅"项目中，我们与优秀的施工团队合作，他们促使我们在设计上更进一步。其间，我们尽可能避开曾经使用的方案——尽管有些思想体系被反复使用，但这都是与施工团队讨论，了解他们所用的具体技术后才确定使用的。没有一个想法是完美的，不可能通过一点点的斟酌或改进就得到彻底改善。如果这些想法对建筑的成功至关重要的话，在不丢掉想法内核的基础上，要试着改变方向。

如何处理那些未能落地的创意？

总是有一些出于各种原因而没能实现的想法。这些想法会一直留在你的脑海里，以便在后来的项目中实现。特定的想法无法在某个项目中实现的原因有很多，这并不意味着这些想法本身很糟糕，它们可能会为另一栋建筑的设计奠定基础，以一种全新的方式展现它们的优点。在未来的某个时候，我们总会有其他机会实现这些想法。因此，永远不要停止尝试。

如何始终保持既定的设计方向？

设计过程从来没有停止过——即使在建筑的建造阶段，设计仍在继续。如果设计方案的内在理念是强大的，就没有必要停止。将设计理念建立在现实世界的有形特性上，可以推动建筑设计的推演。每个举措背后都应该有合理的理由，重大的决定要建立在大量的数据分析之上，且在方向上做出改变时不应动摇设计的核心思想。

如何对设计的进展做出全面的判断并优化设计过程？

当你产生了某个想法之后，可以坚持这个想法，直至可以对它是否会成功做出判断。设计过程会有诸多反复，所以不要害怕放弃某个想法后重新开始。设计本身就是混乱的，能够批判性地厘清设计思路是非常重要的。

如何发现关键问题并寻求解决方案？

总有一些问题是要通过设计来解决的。我们的设计过程是为场地限制、预算限制、客户要求等找到正确解决方案的过程。在我们接手的每个项目中，这些因素都是设计的核心。它们时而相互促进，时而发生冲突，但无论如何，建筑师想要打造出一个让各方满意的建筑，就必须要解决这些问题。

在发现可能被忽视的问题方面，团队协作可以起到什么作用？

在 O+L 设计事务所，我们认为设计过程是没有尽头的，即使在建筑建成之后。在整个过程中，要不断地吸取教训、积累经验。作为一个团队，我们要互相交换意见，还要充分利用建筑工人和商人的专业知识来更好地理解如何构建细节。设计和建造一个建筑物绝不是一个人所能完成的单一行为。这个过程需要很多人参与，才能将纸上的想法变成现实，而且每个人对自己的角色都要有较为深刻的了解。努力发现整个过程中的问题是设计成功的关键。

如何应对设计过程中的突发状况？

一个项目无论规模大小、成本或预算多少，都有需要解决的问题。设计是一个存在诸多不同标准和规则的过程，总会有许多问题出现，最好从一开始就意识到这一点，当问题发生时不要感到失望。我们所做的是，在项目伊始就对所有可能出现的问题进行考虑，尽量对我们认为可能出现的问题进行分析，并将它们融入设计。尽管如此，作为一名建筑师或设计师，你还是经常需要解决一些问题——无论是重新考虑结构，调整建筑融入场地的方式，还是如何更好地处理材料以满足预算，你都需要了解并面对这些挑战。你或许觉得已经解决了所有的问题，而实际上建筑在建设过程中，还会出现一些外部的问题（例如，客户的变化、管理机构的问题等）。

"我们本着实践教学的目的，不断研究行业前沿的建造方法，以此来完善我们的资料库。"

murmuro

murmuro 工作室

乔奥·卡尔达斯（João Caldas）和丽塔·布雷达（Rita Breda）在葡萄牙的布拉加和波尔图共同创立了 murmuro 工作室。之前他们曾一起在科英布拉大学（University of Coimbra）的建筑系学习。作为挪威科技大学（Norwegian University of Science and Technology）特隆赫姆美术学院（Trondheim Academy of Fine Art）伊拉斯莫斯（Erasmus）项目的学生（该项目面向建筑和艺术专业的学生），他们有机会参与跨学科合作，这对他们的教育至关重要。他们合作完成了很多项目，并在一些项目中获得了成功，这促使他们于 2015 年创办了 murmuro 工作室，并以工作室的名义接手有着不同规模、方案或预算要求的项目。

项目名称 --- Plátanos 学校
项目地点 --- 葡萄牙，辛特拉镇
完成时间 --- 2017
项目面积 --- 1850 平方米
设计 --- murmuro 工作室
摄影 --- 佩德罗·努诺·帕切科
（Pedro Nuno Pacheco）

Plátanos 学校位于葡萄牙小镇辛特拉内，这里的学生年龄段集中在 3 至 14 岁。该项目旨在对学校进行重新整修和扩建。客户希望拆除现有建筑，将学校向东扩建，增加更多的教室、配套空间和体育设施。但在设计阶段，客户改变了主意，他希望能够保留东侧现有的建筑群，只进行小范围的新结构扩建，将东侧和西侧的建筑联系起来。除此之外，新建筑还将南侧的户外庭院、北侧的运动区和东侧有顶的户外区域整合起来。

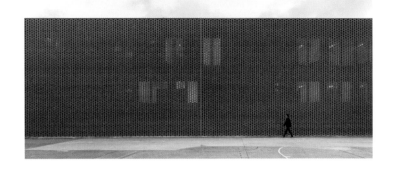

由于建筑北部不远处便是运动区，客户认为保持自然通风的同时
还要对北侧开口进行保护。设计团队选择打造一个有孔砖立面，
以实现建筑内空气的自然流通，让光线透过空隙照亮北侧的房间，
并将通风格栅隐藏起来。南侧外部的遮阳板和室内幕墙则可以控
制教室内的光线强度。

建筑内部设计对材料的关注也是非常明显的：学前教室安装有活
泼、鲜艳的彩色面板，墙壁上涂有一层可以隔音的材料，还可以
展示孩子们的作品，从而提高空间的使用率。

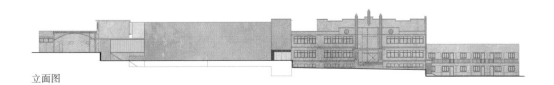

立面图

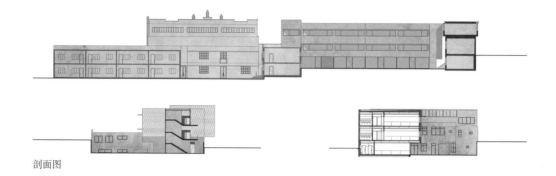

剖面图

如何解决场地条件带来的不利因素？

在 murmuro 工作室，我们不会将场地情况视为需要克服的不利因素或障碍，因为这些场地条件在社会和经济方面的特殊性恰恰是设计的出发点。事实上，它们在美观性和功能性上都会赋予建筑特殊的意义。

在设计过程中，如何全面、客观、不先入为主地提出解决方案？

我们不会被预先的一些设想而影响，因为它们会给设计带来限制。每个项目都有自己的特点，我们的设计过程也是一个研究的过程。例如，我们会对场地、当地气候条件、预算、当地法规和客户的具体需求进行仔细分析，然后结合我们的创意，将设计方案呈现给客户。我们运用多门学科方法，专注客户的要求、适用的法律、当地的特色，并结合美学、材料的持久性和建筑的预期寿命。"Plátanos 学校"这个项目的设计就是按照这个原则展开的。

① 锌防水板
② 天花板通风管道
③ 金属通风格栅
④ 砖墙的金属结构
⑤ 有孔砖立面
⑥ 金属板
⑦ 外部窗框
⑧ 庭院排水箅子

如何使抽象化的空间被感知和体验？

要想将你的身体与你头脑中的概念化空间联系起来，就必须要有一个合理的比例和尺度概念来驱动。在建筑工地上，我们可以用手或者卷尺测量周围的环境，以便与建筑对象建立起无意识的实体联系。这些都是获得空间概念的方法，帮助你在自己所创建的空间概念内移动。

轴测剖面图

如何协调功能、空间、风格和动线之间的关系？

"Plátanos 学校"这个项目扩建的一个至关重要的前提是，新建筑需要充当位于其东西两侧现有建筑之间的连接点。因此，我们的项目在功能上和动线上都起到了桥梁的作用，这一点在西侧楼梯的设计上体现得特别清楚：楼梯在中间楼层上定义了操场的入口通道及新建筑与西侧现有建筑的联系，在一楼又保证了新教室的动线连续性及新建筑与东侧现有建筑的联系。

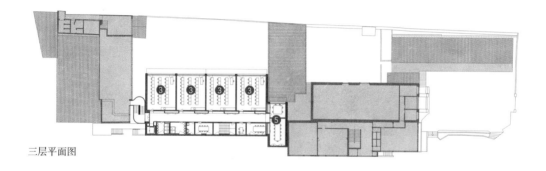

三层平面图

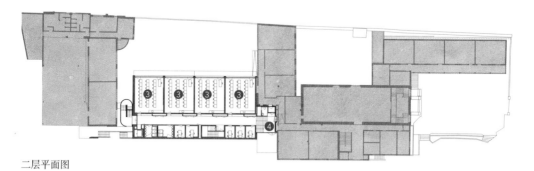

二层平面图

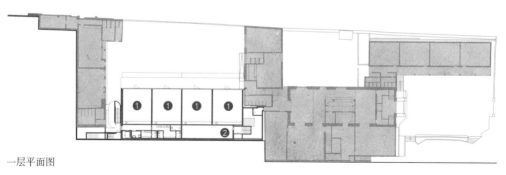

一层平面图

1 幼儿园
2 库房
3 教室
4 入口
5 会议室

如何利用规划和想法推进设计？

设计过程将会出现一些意想不到的变化，它们会影响和完善你的规划和想法。在"Plátanos 学校"项目中，客户的最初想法随着设计的推进发生了变化，因此，我们做出了一些至关重要的决定，这使设计方案发生了巨大的变化。例如，客户决定保留东侧建筑，而这里最初是打算拆除的。这一情况让我们不得不重新思考动线方案，并打造一个依附于混凝土体量的新楼梯。混凝土体量将两栋建筑（新建筑和旧建筑）的入口连接起来，并在不同建筑实体之间的过渡中确保体量的平衡。

如何准确地理解客户的意图？

在设计过程中，项目各方之间的有效对话对加深设计师对客户意愿的了解至关重要。例如，在"Plátanos 学校"项目的设计阶段，客户临时决定保留部分现有建筑，减少投资，并要求施工分两个阶段完成。这一情况对设计产生了巨大的影响，我们也因此提出了全新的结构方案，即钢框架结构、分块拆除方案，以及临时通道装置（它将在第二阶段被拆除）。

如何将客户的建议融入设计方案？

客户的建议或需求事实上是我们研究的一个重要基础，能促使我们想出最终的设计方案。这些建议或需求或多或少都具有挑战性，在保证客户利益最大化的前提下，要想给出一个好的设计方案，更多时候考验的是我们的智慧。

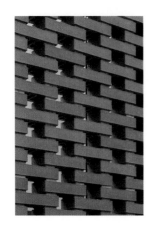

在"Plátanos 学校"项目中，建筑的一个最显著的特征是它的砖石立面。起初客户提出不想安装机械通风系统，因此，我们提出了一个解决方案，既能使窗户免受运动场中体育活动的影响，又能在北侧立面实现自然通风，并对盛行风进行利用。我们还必须保留所有现有建筑，并将处于不同地势的建筑联系起来，这无形中增加了设计的难度。整个施工过程被分成两个阶段（这是由 2008/2009 年葡萄牙特定的经济环境决定的），这也让我们重新思考建造体系和道路设计。客户的需求给我们带来了启发，我们的设计方案因而变得更加完善。

如何对自己的方案做出评价和判断？

设计师在设计过程中得出的每一个结论都必须经过检验。我们必须考虑到不可预测的变量，并且不应将设计过程看作是在一个封闭的容器内发生的活动。即使在设计方案确定之后，我们仍然会面临一些微小的调整，以适应施工现场的条件。因此，在从简单、抽象的方案到详细的施工图这个过程中，不断进行评估是关键。

我们不断借助不同类型的草图来测试设计方案的可行性——从模拟空间生活体验和比例的透视草图，到寻求最佳施工方案的详细图纸。通过对我们提出的解决方案进行不断的测试，最终发现一切都可以追溯到我们所关心的问题上，例如，体量、体块、比例、几何结构、重叠、光线，等等。

如何在复杂、无序的情况下保持好奇心，以创造良好的秩序？

在复杂的情况下不要陷入绝望，而是要把新的问题视作一个以不同的方式开发创造性解决方案的机会。永远不要乱了阵脚，要保持协调性。建筑师通常扮演着项目协调员的角色，即将不同技术人员输入的信息和劳动结合。从工程师到承包商，他们都需要依靠建筑师的协调来推动项目的发展。复杂性绝不是混乱无序的同义词。

如何处理那些未能落地的创意？

我们本着实践教学的目的，不断研究行业前沿的建造方法，以此来完善我们的资料库。我们的设计拒绝一切先入为主的想法或概念，也不会留恋那些不切实际的想法，因为它们并不是解决问题的合适方案。因此，如果这些想法无法为我们的问题提供最好的答案，那么也就无须再继续下去。设计过程是一个思考、测试和分析的过程，在这个过程中，概念和想法不断得到验证，但同时，我们也会放弃某些概念或想法。我们处理无法实现的想法的方式就是这么简单。

如何始终保持既定的设计方向？

我们通常习惯于通过草图来思考。但是，这种习惯会导致我们过于依赖图纸，从而偏离了初始的设计方向。因此，当你开始发现自己在不停地为各种问题寻找复杂的解决方案时，是时候该停下来了。不要害怕暂停下来再重新启动，因为在此之后，你会对这些问题有新的认识。

我们认为最早提出的想法和概念并不是一成不变的。它们会在沉淀和完善的过程中不断演变。最终呈现的建筑以具象的形式展现了先前抽象的想法。事实上,好的想法能够吸收那些从项目研究中收集到的信息。我们不会把重点放在坚持最初的构想上面,因为我们认为建筑设计不关乎起点,而是一个实现项目的过程。

如何对设计的进展做出全面的判断并优化设计过程?

对设计决策不断进行评估将会推动项目的发展。你应当保持开放的态度,避免做出武断的决定。要对你正在处理的实际情况进行深刻的分析,避免以抽象思维和概念为基础的个体建构所带来的错误想法。在"Plátanos学校"项目中,"读取"场地信息的过程复杂而漫长。由于我们是对现有建筑进行扩建,并赋予其不同功能,因此,所有设计都是在探索场地的过程中进行的。对新建筑的想法随着我们对场地的了解越来越清晰,这是一个对比和判断设计决策的过程,"场景"已然存在,需要进行优化。

如何发现关键问题并寻求解决方案?

有时你的客户并不完全了解其需求的复杂性,你应当去探索那些最初呈现给你的问题之外的问题。在"Plátanos 学校"项目中,由于北立面正对着学生们经常使用的运动场,所以我们采用了一种特殊的砖立面提高了墙体的坚固性, 而这并不在最初客户给出的任务中。

在发现可能被忽视的问题方面，团队协作可以起到什么作用？

设计和建造是一个集体行为：从团队中的建筑师到几个工程团队和承包商，不同专业的人员相互协调、密切合作，每个人都有自己的特殊技能，在整个设计和施工过程中发现并解决各种各样的问题。我们作为建筑师就好像一个管弦乐队的指挥。

如何应对设计过程中的突发状况？

项目的落地是一个漫长的过程，这一段漫长的时间给设计过程增加了不确定性，因为呈现给建筑师的最初条件可能会在设计过程中发生变化。问题不在于"如何应对意想不到的问题"，而在于"如何定义设计过程"。我们将无法预料的情况作为重要的输入信息，这是因为在构思初步想法时，我们还无法预料所有需要解决的问题。但更主要的是，当意想不到的情况发生时，我们会迟疑，然后思考，有时甚至会出现几分钟的恐慌或沮丧，这取决于意想不到的情况的严重程度，但这是人之常情。在这个不断发现和分析问题的过程中，你会发现越来越多的制约因素对你的设计产生影响，同时，你也会对你所从事的领域有更加深刻的认识。要享受解决问题的过程，这就是设计的乐趣所在。

> "建筑不仅是围绕形式和功能展开的，更多时候是围绕'潜在空间'展开的。"

Marcelo Ruiz Pardo

马塞洛·鲁伊兹·帕多

马塞洛·鲁伊兹·帕多曾在马德里理工大学建筑学院（ETSAM）和日内瓦大学（University of Geneva）学习建筑设计。他现在是马德里理工大学建筑学院建筑设计专业的讲师和博士生，同时也是多个研究小组、创新教学小组和发展合作小组的成员。他还一直在美国、日本、萨尔瓦多和波多黎各的几所国际化大学担任客座讲师。

项目名称 --- 弗朗顿比斯卡亚巴斯克手球场
项目地点 --- 西班牙，毕尔巴鄂
完成时间 --- 2011
项目面积 --- 24 011 平方米
设计 --- 马塞洛·鲁伊兹·帕多（Marcelo Ruiz Pardo），哈维耶尔·加斯东（Javier Gastón）
摄影 --- 赫苏斯·格拉纳达（Jesús Granada）
所获奖项 --- 2016 美国建筑大奖荣誉提名奖（Architecture Master Prize 2016, Honorable Mention）

该建筑位于毕尔巴鄂偏远的市郊边界，面朝梯田、山峦与村镇，毗邻城市的入口大道，而另一侧则与公园和住宅区相依偎。设计旨在对其周围的环境和远处的风景做出回应。紧邻高速公路的建筑立面近乎是封闭的，与之相反，建筑朝向住宅区的一侧相对开放，而顶部的巨大天窗则为室内带来了充足的自然光。

建筑的选材充分考虑了其与周围环境的适应性。远远望去，整个建筑仿佛是由黑色石板拼凑而成的抽象物体。临近地面的建筑表

皮采用雪松木铺面，模糊了建筑与步行道的界限。建筑颠覆了传统建造方法中石材与轻量材料的位置关系，使建筑更显亲切之感。建筑内部按功能分成两个部分：办公区和运动区。从狭长的走廊到开阔的运动场地，建筑内部表现出连续又开阔的空间构成。各区域之间的视觉联系为内部营造了独特的空间效果。

空间由一系列支撑柱和混凝土墙壁划分。相互叠加的支撑结构撑起了内部楼梯和看台，外围墙体支撑起由宽边钢桁架系统构成的金属屋面。厚重的屋顶向上形成深邃的采光井，阳光穿透采光井为室内提供明亮的光线。

建筑最南端的独立出入口与办公空间相连，从办公区穿越服务中心便可到达其他区域。立面的竖向窗口在引入自然光线的同时，避免了强光直射。办公区的最终布局呈三叉式，每个空间都可以接收到两个角度的光线。紧凑的外形赋予建筑功能强大的表面，避免了某些零散的内凹空间，不会破坏建筑的整体形态。建筑立面上的条形开口不仅为建筑内部带来了明亮的光线，削减了建筑与周围环境的隔离之感，同时也让内部的光亮可以在夜晚透出来。硬朗的外观、巨大的体量和透出的光线活跃了周边环境，为城市生活带来了全新的体验。

 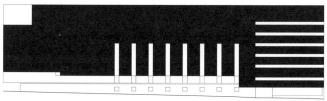

立面图

如何解决场地条件带来的不利因素？

场地限制可以使项目变得独一无二，因此，不利因素并不是需要解决的问题，它们可以使项目变得丰富起来。与设法将预先确定的想法强加到特定环境中的做法相比，更有效的做法是根据能够使项目在特定地方成为可能的条件进行思考。总之，建筑不只是为环境提供有形支持，它也是由各种潜在关系构建起来的，例如，文化纽带、工艺传统、社会背景等。弗朗顿比斯卡亚巴斯克手球场位于城郊——毕尔巴鄂偏远的市郊边界，一侧面向梯田、村庄、山脉和通往城市的道路，另一侧面向邻近的住宅区和南面的公园。整体设计考虑了建筑的体块和规模，使其与周围环境和远处的风景联系起来。

在设计过程中，如何全面、客观、不先入为主地提出解决方案？

在"弗朗顿比斯卡亚巴斯克手球场"项目中，对大型比赛所需要的空间进行考虑是非常重要的。最终我们决定，从材料的选择到集会空间本身，都无须遵循功能性问题，而是以一种现代的解读方式营造与空间的"运动"背景相一致的氛围。

如何使抽象化的空间被感知和体验？

建筑不仅是围绕形式和功能展开的，更多时候是围绕"潜在空间"展开的。"弗朗顿比斯卡亚巴斯克手球场"可以容纳3000人，设计时考虑到了人们会在大楼内走动的情况。室内空间是一个连续的开放空间——从压缩的走廊过渡到为集会和比赛设计的扩展空间。室内景观的

设计起到了建立空间视觉联系的作用。流畅的空间内有多个难以察觉的分支，起到了划分空间的作用。

如何协调功能、空间、风格和动线之间的关系？

以并行的方式开发项目，就项目的各个方面提出不同的备选方案。这样一来，整个过程会因新的变量而充实起来。在方案形成的过程中，多方可以提出多个建议，并行发展并逐渐找到会合点，这便是分层次构建项目。"弗朗顿比斯卡亚巴斯克手球场"项目属于专业竞技场，内部空间较为复杂，需要对不同的流通道路和功能需求（来自观众、球员、电视转播台等）进行管理，因此，逐层操作非常有效。

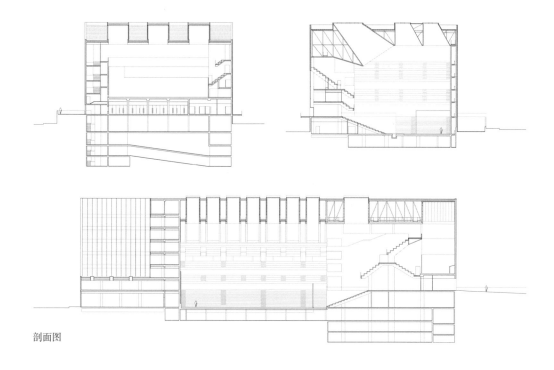

剖面图

如何利用规划和想法推进设计？

项目开发是一项研究活动，在任何一个项目完成之前，你永远不会知道项目最终会是怎样的。探索并不会停止——它是一个开放的过程，不仅是就最终结果而言，还是就参与其中的主体而言。建筑师不是孤军奋战的，客户、合作伙伴、专家、投资方、技术人员、使用者也会参与其中。他们之间形成了一个网络，建筑师负责对他们输入的信息进行协调、推进和完善。

如何准确地理解客户的意图？

项目设计需要得到客户的认可，并令客户满意。这与
打造好的建筑并不矛盾。这里的挑战是在不限制客户
参与项目的前提下，将客户的愿望融入建筑方案。

如何将客户的建议融入设计方案？

建筑师的角色之一就是"建立各方之间联系的对话工具"。无论在何种情况下，建筑师的作用都必须是催化剂，将多方意见和诉求汇集在一起，并将它们转化为建筑任务。

如何对自己的方案做出评价和判断？

所有项目的形成都是一个反反复复的过程，重要的是要对自己的作品时刻保持批判的态度，而不是失去思考能力。而且我们要"睁大双眼"，就好像是第一次审视自己的作品。我们经常在不质疑这些决定项目框架的参数的情况下，程式化地采取行动，这就如同鱼儿离开了水。以前所未有的方式审视自己的作品是一种彻底的转化行为，目的是判断和质疑那些已经确立的东西。意识到这点对有意识的、具有建设性的工作方式至关重要。

如何处理那些未能落地的创意？

大多数出现在典型案例中的有价值的创造性解决方案都被证明是不合适的，但这恰好使我们有机会以不同的角度和方式去思考，有时甚至会出现意外的机会。

如何始终保持既定的设计方向？

如前所述，创造性设计更像是一种研究活动，是一条先前从未探索过的道路。因此，设计的方向是很难确定的。尽管如此，建筑师也应当制订时间表或概念参考点，以便使用一致的标准来找到正确的方法，以应对设计

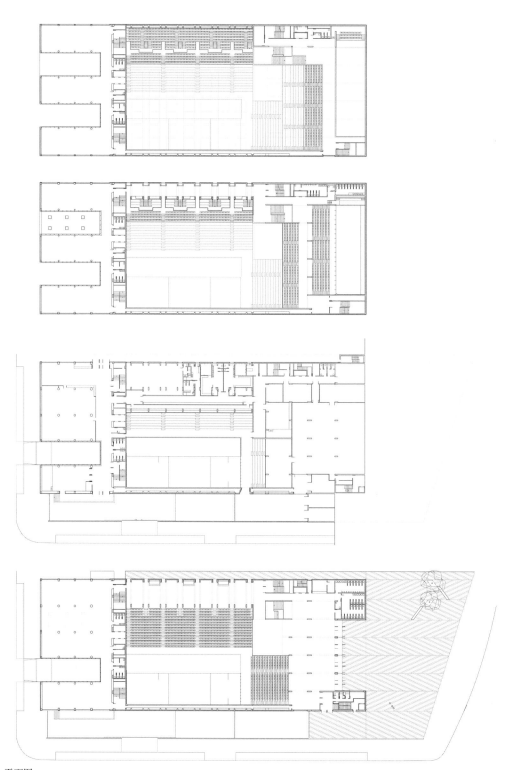

平面图

过程中出现的不确定性。在"弗朗顿比斯卡亚巴斯克手球场"项目中，设计方案虽然经历了多次发展和变化，但一些关键元素被保留了下来，如天窗。

如何对设计的进展做出全面的判断并优化设计过程？

设计过程应该是在优化和非优化的情况之间寻求平衡。项目开发过程中的某些部分可以被结构化，或通过MEP（机械、电气和管道）计算进行优化。创造性的设计过程显然不属于优化的范畴，否则，创造力就成了可以通过人工智能设备来学习的东西了。在"弗朗

顿比斯卡亚巴斯克手球场"项目中，我们为设有多个出入口的看台画了无数个剖面图，并设计了多幅比赛区的可视画面。很多图纸都是相似的，但每张都有不同的内容。处理方案时，会出现一个渐进的过程，部分剖面图被废弃，其他剖面图得到整合，直至最终的剖面图得以呈现。

如何发现关键问题并寻求解决方案？

从概念阶段到项目完成，我们需要对项目进行不断的修改。秉持随机应变的态度，如有需要，建筑师应随时提出解决方案。一个好的项目需要随时进行一些小的改动，同时保持其性质。

以"弗朗顿比斯卡亚巴斯克手球场"为例，其设计方案有些复杂，尽管它们看起来非常简单。我们需要对大跨度混合结构内的 MEP 设施进行整合，以使它们不那么显眼。

在发现可能被忽视的问题方面，团队协作可以起到什么作用？

如果团队中的每个专业人员只关注自己的职责范畴，项目会变得无法管理。让每个人都参与的最有效的方法是让他们相信他们正在参与一些特别的事情，而且他们的参与对事情的成功至关重要。在设计"弗朗顿比斯卡亚巴斯克手球场"时，我们与职业球员、裁判、体育评论员、技术人员等进行了多次沟通，他们提示了一些我们之前没有注意到的问题，这个过程对于充实和完善项目来说非常重要。

如何应对设计过程中的突发状况？

出现意想不到的问题应该在每个建筑师的预料之中。学会以极大的灵活性和适应性来面对项目和工作是非常重要的。项目就像是一个剧本，建筑师需要在整个执行过程中随时对其进行完善和补充。

> "永远不要放弃或遗忘自己的想法，因为有时成功所需要的只是将它们放到合适的位置上。"

AAP

Rui Miguel Vargas, Abdulatif Almishari

鲁伊·米格尔·瓦格斯，阿卜杜勒·阿米沙里

鲁伊·米格尔·瓦格斯就读于曼努埃尔特谢拉戈麦斯高等学院（ISMAT），2000 年毕业于米兰理工学院（Polytechnic Institute of Milan），现在是联合建筑师事务所（AAP）的主持建筑师。

阿卜杜勒·阿米沙里获得了南加州大学（University of Southern California）的建筑学学士学位和哈佛大学（Harvard University）的建筑学硕士学位，现在是联合建筑师事务所（AAP）的负责人。

项目名称 --- Areia 别墅
项目地点 --- 科威特，阿尔科兰
完成时间 --- 2017
项目面积 --- 2063 平方米
设计 --- 联合建筑师事务所（AAP）
摄影 --- 若昂·莫尔加多
（Joao Morgado）

20 世纪 90 年代后期，科威特新的总体规划促使海岸线上基础设施的发展初具规模——建造了人工运河和潟湖网络，以增加滨水地块的数量，且每个地块都有一小部分海滩和通往各条街道的小径。因此，这里需要一些小型度假别墅，满足传统科威特家庭的需求。

"Areia 别墅"是一个住宅开发项目，由五个地块上的五栋别墅组成，设计风格统一。建筑师对科威特民众的生活方式和需求进

行了解读：主要日常生活区与海滩、露台、花园和泳池区域相连，居住者可以在其间自由穿梭，欣赏运河的景色，使整体空间的流动性最大化，并用舒适的方式将室内外联系起来，这在某种意义上突破了地块的限制。入口旁边是正式的社交聚会场所，供客人使用。较高的楼层较为封闭，以保持居住空间的私密性，同时仍可供人们欣赏城市景观。这五栋别墅的基本组织概念是相同的，尽管设计手法相似，但在空间构成上还是存在着些许不同，这也使每个别墅都有特别之处。

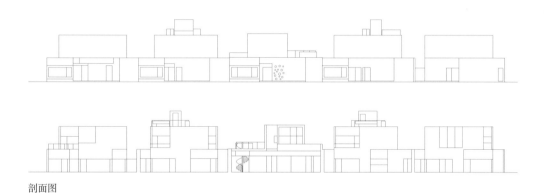

剖面图

如何解决场地条件带来的不利因素？

我们有机会在一座新城市中发展一种新的建造理念。基础设施从无到有是一个人为的过程，注定会出现很多无法预测的情况。我们需要在一个未被定义的环境中设计建筑，这既是一个挑战，也是一次通过建筑空间来探索环境的机会。这五个住宅的地块坐落在可俯瞰大海的一条运河旁，该项目旨在延长海岸线的可用长度。

**在设计过程中，如何全面、客观、不先入为主地提出
解决方案？**

　　"Areia 别墅"这个项目的设计方案的核心就是要使用
统一的平面几何建筑语言，以及相同的基本概念和程
序化来营造一体感，形成具有连续性和均衡感的现代
形象，而当中细微的和谐变化保证了房屋的复杂性和
多样性。

我们试图用简单的方法完善房屋的使用性、功能性和可居住性，也体现了城市发展中的自然矛盾：不同的住宅在颜色、尺度、形式、材料和建造方式方面没有统一的标准，形成了一个复杂的、多样的且尚未被定义的地区形象。

如何使抽象化的空间被感知和体验？

体验一个空间或一系列空间的感觉是创作过程的一部分。在设计"Areia 别墅"这个项目时，我们试图去想象使用者在空间中的运动和感受。想要达到最好的效果，还是需要人们与空间有更多的互动。

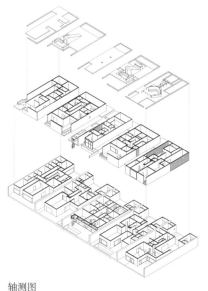

轴测图

如何协调功能、空间、风格和动线之间的关系？

建筑是一个整体，它不能被看作是不同部分的总和。
在项目规划的初期，各种项目需求、工作重点、法律
条款、客户喜好和其他元素被组合、对比、分离。因此，
可以说建筑师的角色是一个指挥家，项目就好像一支
复杂的管弦乐队，建筑师需要不断协调，使设计成果
与最初的想法保持一致。在"Areia 别墅"项目中，我
们为五个房子分别设计了方案，通过多角度论证，最
后将这些方案完美地衔接起来，并营造了一个宜居的
环境。在这个特殊的项目中，每个房子都是独一无二的，
同时也是整个项目中不可缺少的一部分。

如何利用规划和想法推进设计?

设计过程一般都是相当复杂的,需要经历几个阶段,在这期间建筑师可以受到架构之外其他领域的一些启发。在这个过程中,大量的文字、模型、草图、效果图和其他媒介围绕着项目本身展开,设计团队产生的想法可以被重复使用,或是引发新的想法。随着项目的推进，一些想法可能被暂时搁置或是被彻底放弃。"Areia 别墅"项目就是一个很好的例子，用一个看似简单的建筑概念衍生出五个不同的房子。这是因为最初的想法具有灵活性，对形式上的相似性和差异性如何以不同的方式应用到整个项目中进行了探索。

如何准确地理解客户的意图？

当我们与客户达成合作意向后，即使客户的意图看起来非常明确和直接，在项目完成的过程中，我们仍然会受到来自他们的一些质疑。我们的工作是探索项目的可能性并且突破局限性，以回答客户提出的问题。

顶层平面图

二层平面图

一层平面图

如何将客户的建议融入设计方案？

方案是一种工具，用于沟通和解决问题。了解客户在项目开发过程中所扮演的角色是非常必要的。他们是从一开始就积极参与吗？他们明确自己想要什么样的建筑吗？方案作为客户和建筑师之间的桥梁，可以根据每个人的参与程度来传递和整合项目信息，并帮助他们建立起彼此间的信任，以实现最终目标。

如何对自己的方案做出评价和判断？

建筑师应当有不断质疑自己作品的习惯，还要在整个
设计过程中允许别人质疑自己的作品，并通过建立外
部、内部和跨学科的批评过程，逐步完善自己的项目。
我们认为，"Areia 别墅"这个特殊的项目本身就说明
了问题：它是一个使设计概念以五种不同形式得到应
用的结果。经过多方协调以及整个团队的共同努力，
最终呈现了一个让客户和团队都很满意的作品。

如何在复杂、无序的情况下保持好奇心，以创造良好的秩序？

在设计过程中，项目会遇到各种问题。在寻求解决方案的同时，每一步都需要不断地研究和更新，使创造力得以充分发挥。这个过程不仅丰富了开发中的项目，而且有助于改进整体设计。"Areia别墅"的复杂性很强，设计师不但统一了团队的想法，甚至激发了客户的好奇心，以此帮助他整理自己的想法。

如何处理那些未能落地的创意？

每个概念一开始都只不过是一个方案或图表，是缺乏设计的。只有当它们被落实到图纸上时，才算是真正加入了设计。在设计过程中产生的想法可以被记录下来供以后使用，甚至引出其他新的想法。永远不要放弃或遗忘自己的想法，因为有时成功所需要的只是将它们放到合适的位置上，所以要等待那个可以使尚未实现的创意落地的机会。

如何始终保持既定的设计方向？

"Areia 别墅"项目始于一个清晰的想法，我们可以根据项目的需求进行调整。在项目构思过程中，可能会发生很多偏离我们最初意图的情况。因此，我们根据之前的经验，提出干预策略，以应对可控的偏差。我们认为设计需要具有响应能力和适应能力，以完成我们最初对项目的构想。

如何对设计的进展做出全面的判断并优化设计过程？

优化设计过程代表着一次争取时间、整合创意想法的机会，这也就意味着建筑师要对重要的决策进行回顾和再次分析，并客观地考虑接下来的方向。

如何发现关键问题并寻求解决方案？

在每个项目的设计开发过程中，我们都会提出一系列问题，这些问题不一定同时出现，但都需要一定的技能来应对。这个过程表明，找到解决方案的基础是认识到问题的存在，以及充分做好接受挑战的准备。

在发现可能被忽视的问题方面，团队协作可以起到什么作用？

对参与建筑项目的每个人来说，沟通都是一件非常有趣的事。创意的来源和项目的独创性在于每个人对设计过程的参与。作为建筑师，我们有责任配合并协助其他专业的成员为实现同一目标做出贡献。

如何应对设计过程中的突发状况？

通常，当我们认为已经没有任何关于设计的问题，或者我们已经回答了所有的问题时，意料之外的问题就会出现，这是设计开发过程中的重要环节，并且应当作为项目发展过程中的积极元素。在"Areia 别墅"项目中，我们所遇到的意想不到的设计问题主要是由结构问题导致的，有些元素是在最后一刻才放进去的，因此需要使其与整体相融。在这种情况下，我们选择将它们视为建筑构成必不可少的一部分，并通过努力证明这些新加入的元素不会影响项目整体。作为建筑师，我们的职责就是创造性地思考并寻求合适的解决方案。

"很多时候，我们需要暂停下来，在团队内部进行讨论，或是与工程师讨论，以找到解决方案。"

Patrick Schiller

帕特里克·席勒

帕特里克·席勒于 2003 年创立了 Schiller 建筑事务所。他于 2000 年毕业于斯图加特应用科学技术大学（HFT Stuttgart）。在建立自己的工作室之前，帕特里克·席勒从事过各种工作，之后他接手了他父亲工作室留下来的项目和员工。在赢得多个独栋住宅奖项后，Schiller 建筑事务所将发展的重点转移到了多户住宅，之后开始参与商业建筑项目的设计。席勒于 2012 年加入德国联邦建筑师协会（Bund Deutscher Architekten）。

项目名称 --- DA08 超市
项目地点 --- 德国，阿尔高万根
完成时间 --- 2012
项目面积 --- 2500 平方米
设计 --- Schiller 建筑事务所
摄影 --- 布里希达·冈萨雷斯
（Brigida Gonzá lez）

在"DA08 超市"项目的规划过程中，我们提出了在生产和经营中尽可能地减少能源消耗的想法。

建筑形式采用高低体积交替的聚碳酸酯面板，以便将日光引入建筑，打造舒适的环境。建筑物的外表皮提供了良好的隔热性能，确保存放货物的空间保持凉爽。交替的天花板高度创造了一个良好的温度分层——温热的废气通过天窗排出，冷空气从下面进入。建筑师拆除了原有结构的单坡屋顶，因为如果屋顶被雪覆盖或是

出现结冰时，很容易被损坏。

超市采用自然采光模式，使顾客置身于轻松愉快的购物环境之中，这也在一定程度上延长了顾客在超市内停留的时间。由于停留时间较长且环境特殊，每位顾客购买的物品数量也会有所增加。货架的高度故意放低，最高为 1.6 米，以方便顾客对超市有一个大致的了解。

一些结构材料，包括半木大梁、轧制型钢和螺栓钢架，因其经济性、可回收性、可拆卸性和制造过程中的低能耗而被使用，这些材料还将施工时间缩短至 6 个月。天窗和屋顶的西侧还安装了光伏系统。

虽然这座建筑的大部分结构采用了垂直形式，但入口有一个长长的白色水平剖面，在建筑外部提供了一个覆盖区域。咖啡馆、面包店、新鲜农产品区和结账区位于入口附近。经营者及建造者尽其所能为建构概念提供支持，在咖啡厅的露台上可以欣赏到远处美丽的景色。

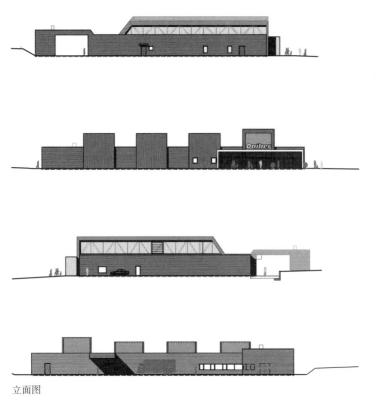

立面图

如何解决场地条件带来的不利因素？

场地对建筑来说至关重要，我们的建筑会反映场地的情况。我们认为这并不会成为不利因素，因为它们有助于我们设计结构并参与建造过程。就拿"DA08 超市"来说，其周围满是郊野田园风光，所以我们试图保持建筑轮廓的平坦，并使用深色使其与田野和树林很好地相融。天窗塑造了屋顶及整栋建筑的形状，呈南北走向，从广泛的意义上说，这些都是出于对场地要素的考虑而设计的。

在设计过程中，如何全面、客观、不先入为主地提出解决方案？

通常，我们从零开始设计每个项目。我们对场地、建

设程序、当地建筑法规等进行分析。有了这些要素，我们对项目充满好奇，很想知道项目会是什么样子。这是一个流动的、完全逻辑化的过程，因此我们无法做出预先判断。最后，你将拥有具备所有条件的程序化建筑。以"DA08超市"为例，我们想要一个阳光充足的大厅，让顾客感觉舒适。这也增加了超市的吸引力，使其可以与其他同类商品销售价格相近的超市竞争。

如何使抽象化的空间被感知和体验？

空间、功能和光线都是我们在设计工作中需要考虑的重要内容。通常人们只能看到空间和光线，因为它们会影响人的感官。在"DA08超市"这个项目中，我们希望营造一种市场大厅般的氛围。拥有自然采光的高举架

空间会给人带来舒适的感觉，而且有助于产品的展示。由于大多数超市的同类商品价格相近，人们会去那些让他们感觉更好的超市购物——好的心情会刺激购买欲望，这是一种合理的诱惑。

如何协调功能、空间、风格和动线之间的关系？

我们习惯于把关注点放在功能和空间上，因为这些才是永恒的东西。我们通常不关心"风格"，因为建筑的风格通常会受到资金的限制。我们试图从逻辑上协调这些要素之间的关系。超市设计必须符合建造者提出的生态效益方面的要求，因此，"DA08超市"变成了一栋经济、耐用的建筑，而且无须对所使用的木材和钢材进行过多的维护：一方面，它们不会耗费太多的能源，且可循环使用；另一方面，我们为建筑打造了一个规整的立面。

如何利用规划和想法推进设计？

商业项目的设计常常需要与使用者密切合作，因此关于工作流程和客户利益方面的问题经常会反复出现。当然，这些问题反过来也会推进设计。在这个超市项目中，我们曾三次彻底地改变了项目整体布局，以优化员工的工作流程，提升顾客的购物体验。例如，我们对提货区和废品区进行了多次调整，以确保员工的行走路线最短。

如何准确地理解客户的意图？

我们是为客户建造房屋，因此我们需要有同理心，并尽力实现和优化他们的愿望。通常，你需要让你的客户多多思考建筑的功能和可能性。你需要给他们提示，这样一来，他们会发现藏于内心的愿望，或是放弃不切实际的愿望，回归本源。

如何将客户的建议融入设计方案？

正如我们之前所讲，我们试图使客户意识到他们自己的意愿，并把它们分解成最基本的东西。我们需要问问他们为什么想要这些东西，让他们思考自己的需求。然后，我们开始完善设计方案，在空间内将想法付诸实践。

如何对自己的方案做出评价和判断？

我认为对我们的作品和方案进行判断是别人的事情。我们认真反思过往项目的设计，并与以前的客户保持联系，接收他们的反馈。对于 "DA08 超市" 这个项目，我们在家具上做了一些小改动，以此引导顾客的动向。

如何在复杂、无序的情况下保持好奇心，以创造良好的秩序？

情绪是会影响设计的。很多时候，我们需要暂停一下，在团队内部进行讨论，或是与工程师讨论，以找到解决方案。对我们来说，保持好奇心正是我们工作中最美好的部分。具体来说，我们会经常听音乐，因为音乐能启发灵感、给人力量。

如何处理那些未能落地的创意？

建筑史上有很多这样的案例，我们也遇到过很多这样的情况。一些想法在多年后随着经验的增加得以实现。正因如此，永远不要放弃你的想法，有时这些梦想终会变成现实。这就是我们保持创造力的动力。

如何始终保持既定的设计方向？

我们通常不会遇到"如何从始至终固守一个想法"这

样的问题，因为我们认为想法是在设计过程中产生的。产生某个想法后，我们试着让想法逐渐清晰、合乎逻辑。当然，探究的过程中我们需要投入大量的时间，但这在旁人看来是有风险的，甚至有时为了一个想法而走上某条道路只是出于好奇。

如何对设计的进展做出全面的判断并优化设计过程？

我们认为无须对设计过程做过多的优化。我们会试图在很多方面优化我们的设计过程，但是这样做也可能会扼杀好奇心和奇特的想法，而这些被扼杀的想法往往能带来令人意想不到的效果。为了优化"DA08 超市"的布局，我们前前后后对超市的平面图进行了三次修改，这样做虽然降低了我们的工作效率，但客户是受益的。

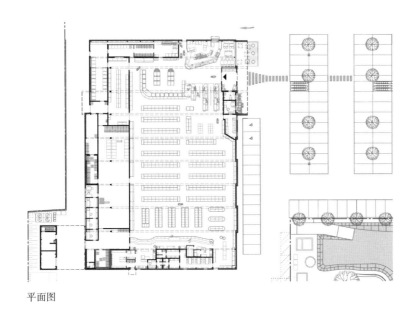

平面图

如何发现关键问题并寻求解决方案？

我们会在设计过程中发现关键问题，但是我们并不认为
这是"问题"——它们是需要应对的挑战。当挑战出现
时，我们会与很多相关人员进行讨论，例如，工程师、
客户或相关地方机构等。在"DA08 超市"项目中，项
目在审批环节遇到了很大问题，我们用了两年多才获得
审批，但是，最终还是让最初的想法落地了。

在发现可能被忽视的问题方面，团队协作可以起到什么作用？

团队合作是我们工作的基础，每个人都会有不同的观点，团队的其他成员可以帮助我们发现被忽视的问题。所以在我们的办公室，检查其他团队成员的工作并分享经验和知识是很平常的事。

如何应对设计过程中的突发状况？

设计过程中出现的意想不到的问题主要还是在团队内解决的，客户和工程师可能也会参与其中。在"DA08超市"项目的设计过程中，客户与我们密切合作，所以那些意想不到的问题很快就得到了解决。

> "人是最大的资本，是思想和能量的深层来源。"

Dinko Peračić, Roman Šilje

丁科·佩拉契奇，
罗曼·西耶

丁科·佩拉契奇获得了加泰罗尼亚高等建筑研究院（IAAC）的硕士学位。他是建筑事务所 ARP 的合伙人。自 2008 年起，他在斯普利特土木工程、建筑和大地测量学学院（Faculty of Civil Engineering, Architecture and Geodesy at University of Split）担任助教，并于 2016 年起担任建筑设计系副教授。

罗曼·西耶获得了加泰罗尼亚高等建筑研究院的硕士学位。自 2007 年以来，他一直是 NORMALA 建筑事务所的负责人。2006 年至 2009 年，他在萨格勒布的建筑学院（Faculty of Architecture）担任助教。

项目名称 --- 奥西耶克大学土木工程学院
项目地点 --- 克罗地亚，奥西耶克
完成时间 --- 2017
项目面积 --- 10 600 平方米
设计 --- 丁科·佩拉契奇，
罗曼·西耶
摄影 --- 达米尔·日日奇
（Damir Žižić）

该项目位于一个规划的建筑群内。大楼的东立面倾斜成一定的角度，使教室和报告厅可以获得更多的光线。建筑中央为开放式，这里设有露台和天窗，为师生提供了一个日常互动、学习和工作的场所。自然光线直抵底层空间，空气在建筑内部的各个空间内流动。纵切面强调了交流空间在建筑中的地位——这个交流空间是进行个人及非正式小组活动、会议的场所。建筑内部还穿插着有多种功能的空间，例如，开放式教室、食堂、学生俱乐部、办事大厅、自行车停车场，以及通往建筑下方考古遗址的通道。大

厅和门廊处设有较大的停留区。

值得一提的是，所有走廊都没有尽头——设计师希望以此突出建筑的开放特性，同时引入更多的光线。承重结构由五个连续的有孔墙壁组成，这些墙壁是用钢筋混凝土打造的。它们强调了建筑的基本交叉剖面，突出了长长的开放式走廊。它们是主要的空间造型元素。

在建筑内穿行有一种观看一部由各种场景组成的电影一般的体验——一系列独立空间、承重结构和变化的光线共同塑造了周围的环境。

如何解决场地条件带来的不利因素？

建筑"在空间上的位置"和"存在的时间"这两个因素十分重要，它们经常会衍生出一系列的问题。我们应当仔细思考并选择最重要的问题去处理。一个有创造性的、明确的解决方案可以赋予建筑新的意义。我们要从每一次解决问题的过程中汲取经验。

奥西耶克大学土木工程学院（以下简称"GFOS"）位于一片巨大的空地中央，这种不常见的地形条件引发了我们的探索热情——我们开始对内插式建筑的特殊结构进行研究，并且将目光从建筑转向室内。

在设计过程中，如何全面、客观、不先入为主地提出解决方案？

建筑设计依赖的是无限的想象力和意想不到的创意，而它们并非来自纯粹的分析和单纯的事实。非理性的决定、勇敢的实验和其他疯狂的想法推动着设计向前发展。建筑师需要坦诚地对自己的想法进行核验，并

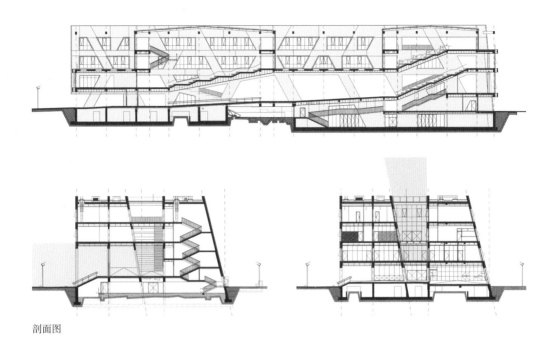

剖面图

积极推进那些经受得住推敲的想法。我们对每栋建筑
的意义和信息非常感兴趣。就 GFOS 而言,我们希望在
不那么乐观的过渡环境下,为建筑注入新的活力。

如何使抽象化的空间被感知和体验?

参观 GFOS 好像是看了一场电影。照片可以恰当地反映
学院内部的情况,但是在拍摄照片时,我们遇到了一
个问题:设计是通过运动来反映的,人只有在建筑内
穿行才能获得充分的空间体验。

建筑应当被视作一种与时间有关的艺术。它是一连串的
序列,是一种体验仪式,也是一种通过在建筑内穿行来
完成的探索游戏。在 Instagram 上有着完美的外部或内
部照片的建筑事实上辜负了那些前来参观的人们。

如何协调功能、空间、风格和动线之间的关系？

建筑师需要很多关键技能。只有成为能够处理不同信息、运用不同学科知识的通才，才能在空间中寻找解决问题的答案。整合并协调功能、形式、风格和流通情况是对建筑师最基本的要求，同时建筑师还要考虑更多内容，如方案、预算、环境、用法等。

GFOS 的设计方案在竞赛中被选中的一个重要原因是我们在报告厅、工作室和办公室之间增加了额外的空间。我们主要关注的是通过平衡各种已有的结构元素来打造一个高质量的学习环境。

如何利用规划和想法推进设计？

想法对建筑非常重要，但当它们被转化成图纸时，速度开始变快——图纸一张接着一张，一幅图胜过千言万语。在准备 GFOS 的提案时，我们通过图纸交流，把一张放在另一张上面，不断地增加图纸的复杂性，并调整顺序。

四层平面图

三层平面图

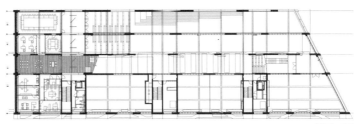

二层平面图

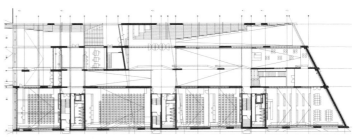

一层平面图

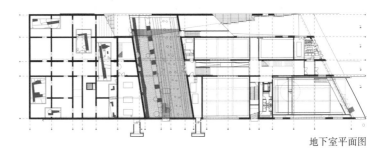

地下室平面图

如何准确地理解客户的意图？

这取决于客户的配合度。我们需要在设计过程中尽早地了解他们的想法，以便从一开始就找到正确的切入点。毕竟建筑是为人建造的，所以我们需要理解和实现客户的愿景。

如何将客户的建议融入设计方案？

有些人希望由建筑师来处理所有的事情，有些人则希望参与其中。我们更希望客户在参与项目时，把它看作是自己的项目。

如何对自己的方案做出评价和判断？

对于那些不确定的想法，最有效的检验方法是把它们呈现给朋友或是你信任的有主见的人。这也同样适用于那些我们原本深信不疑的想法。

如何处理那些未能落地的创意？

把设计过程中出现的每个有创造性的想法都放进概念中是不明智的。但是，一旦产生了某种想法，我们绝不会视而不见。有时，需要数十年才能找到将某个想法付诸实践的机会，而且它们大多会以某种新的形式出现。

如何始终保持既定的设计方向？

设计方向是逐渐清晰和完善的。有些步骤可能是破坏性的，也可能会抹去或淡化核心概念。我们应当寻找其他能强化并发展设计价值的步骤。

如何对设计的进展做出全面的判断并优化设计过程？

设计过程是快乐的，我们应该在过程中享受这种快乐：对生产环节进行尽可能多地优化，同时为创造腾出足够的时间和刺激环境。

如何发现关键问题并寻求解决方案？

如果建筑师能以一种启发性的方式定义一个问题，就相当于这个问题已经解决了一半。我们应该多教、多练、多学，因为这可能会是我们不同于那些局限于单个学科知识的专家的唯一地方。另外，我们应当是能够处理不同信息、运用不同学科知识的通才，这样才能自如地在空间中寻找解决问题的答案。

在发现可能被忽视的问题方面，团队协作可以起到什么作用？

人是最大的资本，是思想和能量的深层来源。不管怎样，我们的作品最终要靠人来完成。建筑师的一项重要技能是协调参与项目的人员，为个人才能和贡献留出空间。

如何应对设计过程中的突发状况？

在危急情况下保持灵活性，并具有应对不可预知问题的能力，对于建筑师来说是非常重要的。只要我们有能力提出创造性的方案，并创造出新的价值，我们就应当把问题看作是对项目有好处的东西。

"项目设计应当有主体思想，并有足够的理由支撑这一思想。"

Kurtul Erkmen
库尔图·艾克曼

KG Mimarlık 事务所成立于 1990 年，其创始人库尔图·艾克曼 1983 年毕业于伊斯坦布尔国家美术学院（Istanbul State Academy of Fine Arts）建筑系，这所学院又名密玛尔斯南美术大学（Mimar Sinan University）。除了在比赛中获得过诸多奖项，艾克曼还不断地为建筑领域做出贡献，例如，他在伊斯坦布尔国家美术学院担任教师，并多次在各种比赛中担任评委，还经常在各类会议和研讨会上发表演讲。KG Mimarlık 事务所在土耳其的建筑和室内设计领域非常活跃，俄罗斯、罗马尼亚、沙特阿拉伯、利比亚、刚果、哈萨克斯坦、土库曼斯坦、乌兹别克斯坦等国家也有他们设计的项目。

项目名称 ---Deposite 大楼
项目地点 --- 土耳其，伊斯坦布尔
完成时间 ---2017
项目面积 ---3505 平方米
设计 ---KG Mimarlık 事务所
摄影 --- 布斯拉·叶利特金（Büşra Yeltekin）
客户 --- Sinpaş GYO

"Deposite 大楼"位于伊斯坦布尔伊吉特里工业园区内。除了建一栋新的建筑，为场地内的一栋旧建筑增加楼层也是该项目的内容之一。最终，扩建的楼层将被作为可容纳 500 余人的清真寺，而另一栋全新的建筑则被设计成仓库。新设计的仓库和清真寺使用了同一种设计语言，设计团队将它们作为金属堆砌结构进行处理。供车辆进出的坡道与建筑的前后立面相连，这样一来，货车进出仓库变得容易了很多。

建筑的外立面采用了深灰色的金属覆面，并安装了黄色的窗户，阳光可以通过窗户进入建筑。黄色的窗户与深灰色的金属形成鲜明对比，且与周围的住宅建筑和谐相融。

如何解决场地条件带来的不利因素？

通常，我会先分析那些可能会对项目产生影响的因素，如用地情况、施工权、设计方案、客户期望等。大多数情况下，这些因素会相互矛盾，因此，明确问题是项目正常开展的前提。上面提到的几个因素中，前两项的数据是固定的，设计方案和客户期望则可能会有变化。如果觉得有必要，建筑师可以进行相应的调整。在 "Deposite 大楼" 项目中，我们力求将现有建筑的扩建结构与新的建筑联系起来。

立面图

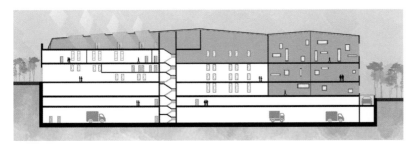

剖面图

在设计过程中，如何全面、客观、不先入为主地提出解决方案？

我认为解决方案中一定会存在一部分先入为主的想法。建筑师的经历、背景和情感状态都会一定程度地体现在他们所做的每一个设计中。这种主观性使建筑呈现出一种艺术和技术相融合的状态。

如何协调功能、空间、风格和动线之间的关系？

我们通常会先布置动线，动线布置好后，剩下的就是空间了。它们之间的关系是解决空间功能问题的关键。因此，所有将要发挥主要功能的空间，实际上都是动线与空间这一关系的处理结果。建筑师的内心世界、他们的创作风格及他们想要看到或展示的东西也会通过处理这一关系体现出来。

如何利用规划和想法推进设计？

对我来说，想法只是开始，设计紧随其后，然后才是方案。画在纸上的平面图、剖面图、立面图和细部图实际上是对最初抽象的设计理念的具体表达。通过对概念的逐步完善，我们希望每个方案不仅仅是符合建筑学原则而已，更要充满创意。

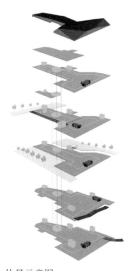

体量示意图

有时，概念似乎不切实际。不要为此担心，因为创造性的解决方案可以使这些看起来不大可能实现的想法变成可能。技术和工程人员也会为你提供帮助。

如何准确地理解客户的意图？

项目设计应当有主体思想，并有足够的理由支撑这一思想，我们称之为设计的"本质"。建筑师应当充分考虑客户提出的建议，只要这些建议不偏离设计的主体思想即可。

如何将客户的建议融入设计方案？

建筑师要寻找不同的备选方案，以满足客户的要求。这样做或许很麻烦，但绝不会留下"是否存在更好的方案"这样的疑问。客户最初将位于 Deposite 大楼顶层的清真寺设在其他楼层，但考虑到顶层相对于其他楼层可以获得更多日光，我们建议将清真寺迁至顶层，并得到了客户的认同。在设计 Deposite 大楼时，客户提出希望增加车辆入口。根据他们的要求，我们提出了一个解决方案，即在合适的楼层设置两条车辆通道。

如何对自己的方案做出评价和判断？

将概念转化为切实可行的操作可能需要做很多工作，就好像是一切又重新开始了。但如果你坚信自己的想法，就不要轻易放弃。如果你想要一个简单的解决方案，而且不想花费太多的时间，那最终呈现出来的就只能是一个平庸老套的项目，而我们的工作是制订具有创意的解决方案。

如何在复杂、无序的情况下保持好奇心，以创造良好的秩序？

通常情况下，建筑师需要很多的时间完成设计，而客户却希望尽快看到成果。对我们这些经常抱怨时间不够用的人来说，还有更糟糕的事情——无休止地完成一个又一个项目可能会使我们感到非常疲惫。这时，要保持好奇心，无序的情况也许会为你提供一个展示自己创造力的机会。

如何处理那些未能落地的创意？

停留在纸上的设计方案与那些将要建造、居住和使用的设计方案之间存在着一些差异，建筑师需要对多方面进行考量，例如，法规、经济技术水平和业主的要求等，他们需要时刻在"可以做出的让步"和"无法接受的让步"之间做出平衡。在"Deposite 大楼"项目中，由于预算的限制，建筑师也无能为力，只能放弃了一部分创意。

如何始终保持既定的设计方向？

当你无法集中注意力时，一定要停下来，做些其他的事情：放空大脑、出去走走或是看场电影，做什么都可以。在这段时间内，你可能会想出解决方案，因为事实上你潜意识里一直在工作。

如何对设计的进展做出全面的判断并优化设计过程？

当项目接近尾声时，我们需要回到设计的初始阶段，核实最初的想法和意图是否在实施过程中发生了改变。有

时你会发现自己已经偏离了最初的想法。当然，如果你
和客户都对设计结果十分满意，那就没有任何问题。

如何发现关键问题并寻求解决方案？

当你认为自己马上就能找到解决方案时，事实上，你
可能已经处于疲惫的状态了。无数的例子表明，完美
的想法可能无法转化成我们所期待的样子。设计过程

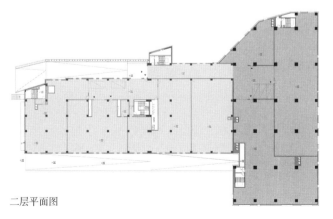

二层平面图

需要克服各种困难和障碍。有些项目比较容易，有些则比较困难。适时地放弃寻找关于各种次要功能的解决方案，建筑师就不会因此而受到困扰了。

在发现可能被忽视的问题方面，团队协作可以起到什么作用？

在设计过程中请教他人、寻找灵感或是参与讨论都是有好处的。尤其是团队的其他成员，他们可以帮助我们发现先前没有注意到的问题。要多倾听团队成员的意见，他们的想法可能与你的不大一样，但不同的观点说不定可以帮助你打开思路。

如何应对设计过程中的突发状况？

设计过程会涉及诸多方面的问题，它们可能来自你的同事、工程人员、咨询顾问以及你的客户。每个人都有自己要优先考虑的问题，但既然项目是你设计的，那么最终的决定应该由你来做。处理意料之外的问题的最恰当的方法是从一开始就在心理上做好准备。事实上，如果你将可能出现的意想不到的问题视为项目本身就自带的可变内容，它们就不再是"问题"了。既然建筑师的任务是将各项数据变成项目（设计方案），那么如果你认为一开始获得的信息可能是不完整的、不准确的，或是有瑕疵的，你就可以逐渐对它们进行整合、完善，这样一来，所谓的"问题"不过只是一些"新的数据"罢了。

"一旦我们的客户开始陈述他们的想法，我们将展开一系列长时间的讨论，直至我们彻底了解他们的诉求。"

Blouin Orzes architectes

布卢安·奥尔泽斯
建筑事务所

布卢安·奥尔泽斯建筑事务所的总部位于加拿大蒙特利尔。加拿大北部的几个社区中都有他们设计的建筑，包括小型旅馆、住宅、商业空间和机构建筑。他们还在曼尼托巴省北部的丘吉尔港为北极熊国际协会（Polar Bears International House）建造了一些设施。由于长期为北部地区设计项目，事务所已经对该地区的环境以及居民的需求和价值观有了深入的了解。

项目名称 ---Katittavik 文化中心
项目地点 --- 加拿大，库朱瓦拉匹克
完成时间 ---2016
项目面积 ---680 平方米
设计 --- 布卢安·奥尔泽斯建筑事务所
摄影 --- 布卢安·奥尔泽斯建筑事务所

"Katittavik 文化中心"是一个大型项目的一个部分，设计团队将附近的圣埃德蒙圣公会教堂（St. Edmund's Anglican Church，努纳维克最古老的建筑）整合进来，使得该项目与其周围的区域完美地融合。

外部门廊允许人们在此悠闲漫步，欣赏河上令人惊叹的景色。除了入口外，其他开口结构都不大，这样的设计一部分是出于对大厅功能的考虑，另一部分是出于对恶劣气候条件和高昂能源成本

的考虑。

项目内部设有明亮的大厅，与小型办公区相邻，并通向大型多功能房间。天花板的高度旨在给社区成员营造一种温暖、舒适的感觉。楼上有一个小型平台，被用作声音、灯光和投影控制室。此外，这里还设置了储藏区和小厨房。

主厅设有可伸缩座椅，可容纳 300 人，可以用来举办宴会、各种类型的演出、讲座，甚至放映电影。这里安装了最先进的设备，可以通过视频会议与外部保持联系。对于这种在地域和语言上较为孤立的社区，翻译显得尤为重要，因此，该文化中心特意设置了可移动的翻译隔间。

如何解决场地条件带来的不利因素？

我们所面临的挑战与其说与实际场地有关，不如说与该地区偏远的地理位置有关。建筑材料和组件需要在加拿大南部购买，而且只能在短暂的夏季里运输。通常情况下，材料会于 6 月底离开蒙特利尔，一个月后抵达目的地。另一项重要的挑战是北部的天气状况，建筑师要尽快创建一个可以为工人提供御寒保护的施工环境。最终，我们的解决方案是使用预制组件，以快速地完成组装。一旦外部饰面达标，施工作业便可在令人满意的条件下进行。

在设计过程中，如何全面、客观、不先入为主地提出解决方案？

作为为因纽特人建造房屋的建筑师，我们必须了解他们的文化——他们的生活习惯与南部地区居民大不相同。通常情况下，建筑师与客户需要数年的时间才能建立起信任，在这个过程中，其关键是建筑师不能先

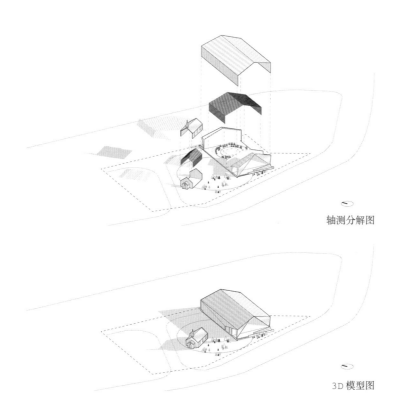

轴测分解图

3D模型图

入为主地提出方案让客户接受,而要确保所有的决定都经历了漫长的协商过程,并且与客户达成共识。随着客户对项目越来越了解,调整也因此变得容易起来。

对于"Katittavik文化中心"这个项目来说,最初的要求是承办传统运动会——这是北部地区很受欢迎的活动。在项目进行过程中,客户希望可以扩展出一个多功能厅,这意味着会有更多的空间,但是成本也随之增加。最后,我们的团队不仅让项目顺利落地,还找到了其他的资金来源。

如何使抽象化的空间被感知和体验？

我们的团队在北部地区建造的建筑结构通常非常简单。我们已经完成了相当多的小型酒店及市政、文化和工业建筑项目。与在密集城市环境中工作的建筑师相反，我们的工作环境通常是开阔的土地，有时天气状况可能非常极端。现有的建于19世纪的教堂是"Katittavik文化中心"选址的一个主要因素——我们将教堂整合进来，将其翻新成文化中心内部的翻译空间，这有助于创建一个有着公共外部空间的全新文化据点。

如何协调功能、空间、风格和动线之间的关系？

对因纽特人来说，从外部向内部过渡具有极其重要的物理意义。从象征意义上来讲，从公共领域进入更为私密的空间的过程也非常重要。在设计"Katittavik文化中心"时，我们整合了一些当地的文化元素，设计了一个复杂的人口——一个不算长的门廊。从那里，人们可以抵达建筑的中央——物理意义及象征意义上最温暖的空间。中央大厅是社区成员和游客聚集、交流与分享的地方。

立面图

如何利用规划和想法推进设计？

20 年前，一个客户提出要为需要住宿的专业人士和游客建造一家小型旅馆。我们设计了一个拥有多个房间和一个公共生活区的雏形，如有需要，还可将其用作会议室。该设计方案被多次使用，多年来只是略作完善或修改，便可适应不同的场地和项目情况。考虑到施工限制条件和高昂的成本，以及保护建筑免受自然条件影响的需要，我们压缩了建筑体量，并有策略地设置开口结构。而对于"Katittavik 文化中心"项目来说，大厅本身是没有窗户的，以尽可能地减少极寒气候和强风带来的影响。这些都是我们不断尝试各种想法来推进设计发展的范例。

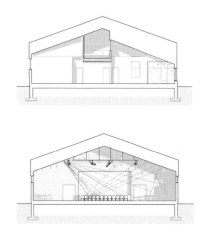

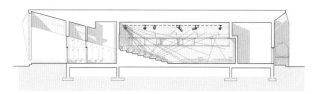

剖面图

如何准确地理解客户的意图？

一旦客户做出需要新设施或是升级现有设施的决定，
我们就会到施工场地去工作。我们的工作是与社区及
其代表一同完成的，在过去的二十年里，我们与北部
社区建立了良好的信任关系，这也使我们能够探索各
种可能性，同时保持合理的预算。在应对变化时，我
们会选择灵活的办法。我们也愿意去寻找资金，因为
充足的资金可以使项目变得大不一样。

如何将客户的建议融入设计方案？

一旦我们的客户开始陈述他们的想法，我们将展开一
系列长时间的讨论，直至我们彻底了解他们的诉求。
在这种场合表达的愿望可能涉及一些小问题，例如，
外部覆面材料颜色的选择，将特定元素，如艺术作品

融入建筑，等等。接受这些请求对专业人士来说往往并不重要，但是对客户来说意义重大，他们会觉得自己给项目带来了影响。

如何对自己的方案做出评价和判断？

每当我们对项目进行处理时，我们都会对方案进行审慎的思考，以避免将我们设计南部建筑的思维用到北部的环境中。我们不断地对每个项目的具体地域和文化背景进行研究。我们坚信，不断提出问题将有助于对方案做出合理的判断。

如何在复杂、无序的情况下保持好奇心，以创造良好的秩序？

好奇心有时会引领我们找到新的设计途径，意想不到却充满希望。公开协商是非常重要的，它推动了很多项目的发展。我们可以与决策者及当地居民会面——当地居民也是特定设施的未来使用者。讨论往往是杂乱无章的，但我们也会因此获得不同寻常的见解。这些见解在当时似乎有些脱离实际环境，却不知为何始终萦绕在我们的脑海中，直至我们终于明白了它们的含义。

如何处理那些未能落地的创意？

每当我们处理项目时，总会出现意想不到的问题。我们从讨论中获得的知识，因为获得得太晚或是关联性不强，并不总是适用于手头的项目。然而，我们会将讨论的信息都记录下来，并寻找合适的机会使用这些信息，这样有助于我们更好地对环境做出回应。

如何始终保持既定的设计方向？

作为建筑师，我们的职责是满足客户的需求并实现他们的目标。我们相信良好设计的重要性，但是面对诸如位置偏远、预算不够或是不得不使用奇怪的现有结构等问题时，我们也要秉持务实的态度。

如何对设计的进展做出全面的判断并优化设计过程？

在北部地区建造项目时，我们需要考虑很多技术问题。由于气候变化对该地区的影响较大，我们要面对新的挑战，制订各种解决方案。例如，永冻土层会逐渐融化，这就要求建筑师在为建筑选址或是确定地基时要格外小心。我们必须从错误中汲取教训，努力适应未来可能出现的重大变化。

如何发现关键问题并寻求解决方案？

在北部地区建造项目，我们遇到的一个关键问题是具备我们所需要的技能的当地工人严重紧缺。一个解决方案是对当地人进行培训，但还是需要依赖预制技术。这就意味着项目的承包商必须能够完全理解建筑师的意图，这样才能保证建筑顺利落地。

为了便于建造和现场监督，我们通常会构建简单的三维模型，以便整合项目。预制有助于加快建造过程——这是建造北部建筑需要考虑的一个重要方面，因为在这里施工必须尽早为工人提供御寒保护。

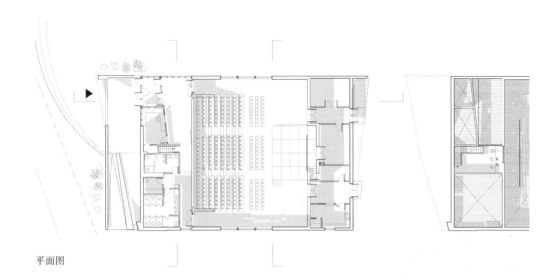

平面图

在发现可能被忽视的问题方面，团队协作可以起到什么作用？

数千年来，因纽特人一直像游牧民族一样生活，因此，他们没有像西方国家一样的建筑传统。尽管如此，我们也可以和社区成员就建筑和施工问题进行真正的探讨。一栋建筑的建成是多方密切协作的结果。

如何应对设计过程中的突发状况？

在北部地区建造项目时，我们所遇到的最常见的问题是由运输错误导致的材料或组件的缺失。每当遇到这类问题时，我们便会强烈地意识到因纽特人惊人的适应能力与智慧。他们可以使用回收材料或可用部件，提出临时的解决方案，而这些方案有时可能会变成永久性的解决方案。这促使作为建筑师的我们在回收和处理简单部件的基础上寻找新的突破。

"尽管需求和环境都可能被视为充分展现建筑的不利因素，但事实上正是这些因素塑造了建筑。"

Tiago do Vale
蒂亚戈·多·瓦莱

蒂亚戈·多·瓦莱毕业于科英布拉大学（University of Coimbra）建筑系，并在波尔图大学（University of Porto）获得建筑遗产研究专业的研究生学位。他是科英布拉大学的理事和校务机构成员，并为葡萄牙和其他国家的多个印刷出版物撰写文章。同时，他还策划了很多具有国际影响力的活动。

项目名称 ---Gafarim 住宅
项目地点 --- 葡萄牙，蓬蒂迪利马
完成时间 ---2016
项目面积 ---274 平方米
设计 ---Tiago do Vale 建筑事务所
摄影 --- 若昂·莫尔加多（Joao Morgado）

在散落的、非连续的自然景观中，"Gafarim 住宅"采用了葡萄牙北部流行的简洁平行六面体形状以及与环境相协调的规模，最终呈现了一个不透明的建筑体块。

入口是一个狭长的过渡空间，连接外部和内部。从外部到入口大厅，再到室内，从阴影到光线，从实体到透明，这种渐进的对比体现了设计理念的两面性和矛盾性。通过一个紧凑的空间步入室内，两层高的建筑容纳了住宅的社交空间，建筑师采用了当地居

住空间常见的组织方式，即将厨房、餐厅和起居室容纳在一个空间中。

这个非常通透的空间内有一堵宽大的玻璃墙，从那里可以看到远处的房产和民宅。自然光通过东北部的开口射入空间，使建筑一整年都充满活力。室内没有明确的分隔，住宅内的私密空间自由延伸，内部所有的卧室都朝向东南方向。一个小的内部庭院将房子内部象征性地分开。

总体来说，"Gafarim 住宅"是一个将矛盾与对抗浓缩在一个简单而实用的结构中的项目。

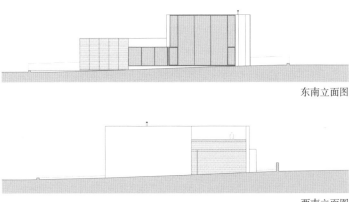

东南立面图

西南立面图

如何解决场地条件带来的不利因素？

尽管需求和环境都可能被视为充分展现建筑的不利因
素，但事实上正是这些因素塑造了建筑。它们不是制
约因素，而是促进因素。"Gafarim 住宅"这个项目
的场地内有一条迎着阳光的街道，而开阔的视野面向
北方——这与我们通常想要的完全相反。但我们利用
环境特点设计了一个非常特别的项目，同时抓住一切
机会让建筑亲近自然。但如果选择使该住宅面向南方，
且想要有阳光直接照射，就显然有些不切实际了。

在设计过程中，如何全面、客观、不先入为主地提出
解决方案？

建筑设计是一项非常复杂的实践：在非常苛刻的平衡
要求中，我们既要使问题合理化，还要冒险采用跳跃
性思维，这样才能找到一个好的解决方案。但是，高
效的建造过程应当从解决普遍问题发展到解决特殊问
题。在了解项目的全局之前，不应急于设置任何细节，
也不应在掌握总体战略之前排除任何特定选项。

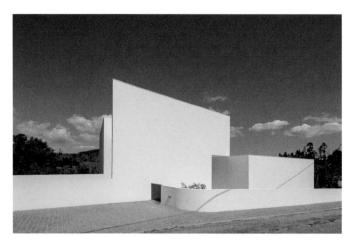

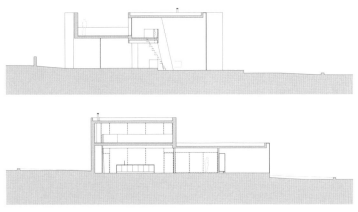

剖面图

如何使抽象化的空间被感知和体验？

建筑不是静态的艺术。虽然建筑不会移动，但是我们可以在建筑内穿行，一系列的空间体验便随之产生。勒·柯布西耶(Le Corbusier)提出的著名的"长廊建筑"理论所表达的就是通过墙壁的形状来展现空间的序列，以得到动态的空间体验。

以"Gafarim 住宅"的入口为例，住户体验是从立面百叶窗开始的。当我们接近大门时，空间在低矮的屋顶下变得紧凑起来——这里相当于一个过渡空间。在穿过那扇门之后，空间终于得到释放，变成了两倍高的、完全透明的区域，住户可以从感官对比中获得别样的体验。

如何协调功能、空间、风格和动线之间的关系？

在大多数情况下，建筑师的工作并不是提供一个可以解决所有问题的答案，而是在建筑的性能和人们为此付出的代价之间找到最佳的平衡。这是一个发现的过程，在各种可动结构、环境、要求之间找到一个折中的方案。为此，我们必须对它们之间的关系有深度的了解。在设计"Gafarim住宅"项目时，最棘手的问题就是如何在自然光线、场景特征以及透明和隐私之间实现平衡。

如何利用规划和想法推进设计?

设计的任务是为特定的问题寻求特定的解决方案,反过来,设计中获得的经验可以为其他项目提供解决方案,即便它们的规模、规划、位置等并不相同。建筑思想并不是独立存在的,每个项目都有值得研究和借鉴的经验教训,即便是最简单的设计过程也可以为复杂的项目提供线索。

有时,某些解决方案是由先于项目存在的规划所推动的。在"Gafarim 住宅"案例中,我们直接根据项目的要求和场地环境给出设计方案。当然,这个项目最终呈现的样子也没有脱离一直萦绕在我们脑海中的想法和计划——这栋住宅的设计一直遵从我们最初的想法,只是在设计过程中不断地得到完善罢了。

如何准确地理解客户的意图?

项目的出发点必须是客户需求。不同的客户对每个方案选择的可能性及其影响和后果有着不同的理解,尽管如此,建筑师还是需要理解这些需求,并且用最好的方法找到可以满足这些需求的设计方案。在住宅设计中,客户往往有非常明确的想法,而我们所面临的挑战是让这些想法与阳光、景色和复杂的地形结合起来。

如何将客户的建议融入设计方案?

我们的设计目标一直是用一种简单的形式解答几十个不同的问题。这种系统的方法将对项目的发展和质量产生积极的影响。当然,这样简单的形式不可能经得住各种限制条件的制约以及客户具体的需求。这个过程可能是

漫长的，我们需要深入了解客户的要求，逐步形成可行
的设计方案。

如何对自己的方案做出评价和判断？

设计方案中的抽象策略与客户要求的具体实践之间有
时可能存在一定的距离。尽管前者的目的是为后者提
供一个全面的设计方案，但是及时对方案中的细节是
否会给项目的实用性带来不良影响进行评估是非常重
要的。

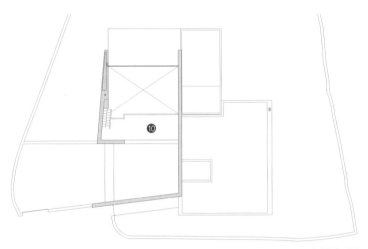

夹层平面图

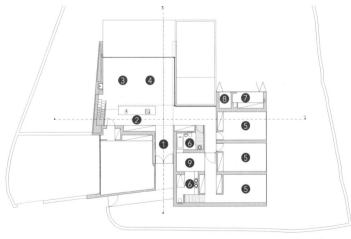

① 入口大厅
② 厨房
③ 客厅
④ 餐厅
⑤ 卧室
⑥ 浴室
⑦ 户外厨房
⑧ 机房
⑨ 露台
⑩ 夹层空间

一层平面图

如何在复杂、无序的情况下保持好奇心，以创造良好的秩序？

系统化和有序化是解决复杂设计问题的关键，但与此同时，少量的混乱则可以展现更多的可能性，可以说混乱、无序和好奇心是一个项目开发过程的核心。设计"Gafarim 住宅"时，我们不断地从各种可以提供新信息、新刺激和意想不到的解决方案的资源中汲取养分，这其中包括其他建筑设计作品，还有造型艺术、音乐、时尚、工业设计、诗歌等，应有尽有。如果没有这种信息输入，设计可能会很糟，甚至停滞不前。

如何处理那些未能落地的创意？

抽象概念和建造概念之间总是有一定的距离。有时，建筑师可能踌躇满志地想挑战某一个项目，但在设计过程中他们可能会随时遇到各种难题，例如，技术挑战或预算有限。在对"Gafarim 住宅"项目进行设计时，我们也遇到了难题，就是面向景观的玻璃立面。我们希望采用更大的玻璃板和更少的分隔结构，但这无疑提高了成本。大家可以从最终的设计中看到我们做出了妥协，毕竟"预算有限"是一个合理的理由。但我们不应放弃对创意的追求，即使它们可能暂时无法实现。创意永远是建筑的品质保证。

如何始终保持既定的设计方向？

我们会从最普通的问题入手，认真地研究细节。在"Gafarim 住宅"案例中，我们需要解决房子本身与街道和周围景物之间的关系。在确定最理想的构图之后，我们对每一个细节都认真对待，因为在项目开发和生成新数据的过程中可能会出现意想不到的情况。想要最初的设计目标在整个过程中存活下来，我们就必须竭尽所能，在进入下一个阶段之前，做最好的准备。

如何对设计的进展做出全面的判断并优化设计过程？

最能影响设计品质的不是相关人员的个人能力，也不是他们所用的软件，更不是客户拥有的时间和金钱——"过程"才是最能影响项目品质的因素。建筑师要使基本作业生产、概念方法、开发过程、制图标准、审查系统、详细参数变得系统化，这样便可以简化设计的流程，实现短时高效。

如何发现关键问题并寻求解决方案？

明确特定项目的关键部分是我们首先要做的事情，"Gafarim住宅"项目也是这样进行的。接手这个项目后，我们整个办公室都要了解项目的情况和需求，并试着用各自的视角、技术和敏感度，找出这个项目中我们所要面临的主要挑战以及需要解决的问题。

在发现可能被忽视的问题方面，团队协作可以起到什么作用？

在设计实践中，团队协作是不可替代的。不同的感受力、技能、见解可以形成更为丰富和全面的方案，使我们可以批判性地审视整个设计过程，并找到更为合适的解决办法。

如何应对设计过程中的突发状况？

我们会在项目开发初期明确项目的关键部分，以尽可能地减少意想不到的问题。在将单一的线条落实到纸面上之前，建筑师需要充分掌握项目的基本情况、制约条件及影响——这样做不仅会有意外的收获，还可以及时给出合适的解决办法。但有时难免遇到突发状况，这时我们会回到绘图阶段，从头开始。然而，"Gafarim住宅"项目并没有遇到这样的困难——项目的设计一直沿着既定的方向进行。

"我们希望自己的设计是非常实用的，是直接从功能需求中衍生出来的。"

Jean-Pierre Dürig
让－皮埃尔·杜里希

让－皮埃尔·杜里希在苏黎世和马德里生活和工作。1985 年，他从苏黎世联邦理工学院（ETH Zürich）建筑学专业毕业，然后在完成学业后仅仅两年内，就创立了自己的个人工作室，并于 1990 年至 2002 年与菲利普·雷米（Philip Rämi）建立了合作关系。2003 年开始，他创办了自己的公司——杜里希建筑事务所（Dürig AG）。他还曾担任苏黎世联邦理工学院的客座讲师和德里西奥提契诺大学建筑学院（Academy of Architecture at Universit à della Svizzera italiana）的客座教授。

项目名称 --- Löwenstrasse 地铁中转站
项目地点 --- 瑞士，苏黎世
完成时间 --- 2014
项目面积 --- 33 560 平方米
设计 --- 让－皮埃尔·杜里希，杜里希建筑事务所
摄影 --- 鲁埃迪·瓦尔蒂（Ruedi Walti），巴塞尔（Basel）

新的"Löwenstrasse 地铁中转站"拥有四条铁轨和两个站台，位于中央车站 4 至 9 号轨道的下方 16 米处。站台上方还有一个全新的购物空间，向东西两侧延伸。

站内宽敞的通道和大厅便于人们通行。三个功能不同的楼层——站台层、购物层和历史悠久的地上车站大厅层——在空间上彻底地分隔开来。这种差异也表现在材料上，便于人们识别位置。楼梯、自动扶梯和电梯等垂直的通道，形成了贯穿所有楼层的核心流通

空间——它们的几何形状与现有的建筑环境相呼应，并形成了单独的体量，在一定程度上发挥了结构的功能，例如，充当火车站屋顶支撑结构的轴承。由于地铁站的轨道位置与上方车站大厅的轨道位置不一致，因而需要一种特殊的解决方案：借助倾斜的通道来解决客梯的问题。

地下空间通透、明亮，其整体设计营造了独特、亲切的氛围。墙壁、地板和天花板所使用的简单的材料和色彩方案给人们留下了一种低调的空间印象。站台等综合设施与装置廊道形成了"灯光岛"。相比之下，隧道的墙壁、铁轨和屋顶仍然保持昏暗的色调。基本照明来自安装在各个装置廊道外缘的条形照明灯，整体空间有着温暖的氛围。

如何解决场地条件带来的不利因素？

场地限制无处不在，并奠定了各个项目的基础。它们丰富了我们对既定项目的想法和立场，所以不能简单地说它们是不好的。首先，我们对场地、历史及项目功能和技术要求等进行深入分析，从而产生抽象的想法——它们最终被转化为设计方案，并为后续的设计步骤提供支持。我们会根据场地条件调整和完善设计方案。

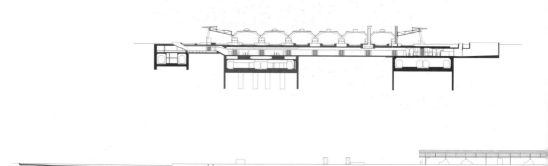

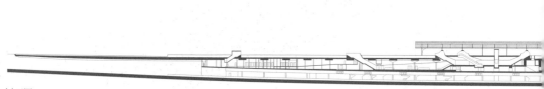

剖面图

在设计过程中，如何全面、客观、不先入为主地提出解决方案？

不要先入为主，认真分析概念可以给出客观的解决方法。同时，个人的思想和建筑的定位也需要达成某种平衡。这种方法对任何问题的解决都是不可或缺的。找准自己的定位是一切设计方法的基础，没有定位，你就会迷失方向。

如何使抽象化的空间被感知和体验？

我不能只是想象自己在空间中移动，而要真的这么做。"运动"让空间变得可以被感知，也是每个成功方案的起点。此外，运动可以使人们切实地感知到空间的存在。在"Löwenstrasse 地铁中转站"里，我们为通勤者着想，建造了短距离、直接、清晰的通道。乘客不需要考虑空间障碍的问题。

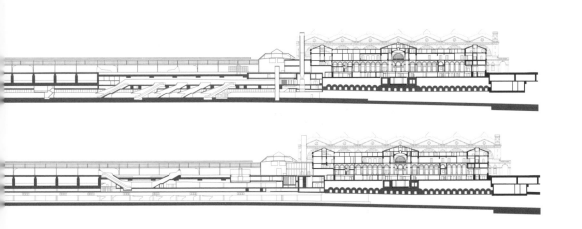

如何协调功能、空间、风格和动线之间的关系？

实用性、规划性和结构性都比较完善的想法需要在核心概念的基础上进行测试，并不断地与原始分析数据进行对照。建筑师运用这种方法，可以在项目从规划到施工所经历的无数中间步骤中获得不同的启发。这个反复的过程非常复杂，而且容易出错，特别是在"Löwenstrasse地铁中转站"这样的长期项目中。在这个过程中，每次对设计方案进行调整都要考虑可能随之带来的变动。例如，倾斜的电梯并不是一个疏漏，而是车站的轨道位置带来的结果——之前已经提到，地铁站的轨道位置与站

台大厅的轨道位置不一致。所有决策都要对功能和现有的建筑环境做出回应。

如何利用规划和想法推进设计？

设计过程不是线性的，期间取得的成果可以持续推进设计，但是随着项目的发展，建筑师总是会产生一些想法。特别是在初始阶段，大量的想法让人应接不暇。坚定、明确的立场对于保持项目的创造性来说至关重要。

如何准确地理解客户的意图？

在基本设计理念的基础上，我们与多学科的大型规划团队、权威机构和客户一同对项目进行开发。为了保持和改进现有的想法，我们需要不断与客户沟通。我们的任务是对客户的每一个需求做出反应，并努力实现它们。灵活而明确的基本理念对项目发展至关重要。强大的、合乎逻辑的、具有创造性的项目要能够满足客户的需求，并且经受得住变化和调整带来的挑战。

如何将客户的建议融入设计方案？

客户的建议和要求需要与基本概念进行对照——要么符合概念，要么进行调整使其符合概念。对于项目来说，这些后续的变化意味着要做很多额外的工作，以保持项目的连贯性。

如何对自己的方案做出评价和判断？

作为建筑师，我们对结构、材料、运动和光线都感兴趣。

从本质上讲，我们的设计灵感来源并不是建筑本身。我们希望自己的设计是非常实用的，是直接从功能需求中衍生出来的。我们认为，不断地发现和应对问题是检验方案最好的办法。这种工作思维与工程师相似。

如何处理那些未能落地的创意？

从无数竞赛和已建项目中获得的经验让我们能够在早期就发现我们的方案的潜力，并有效地展开设计。建造项目绝不仅仅是完成一个方案，它是我们讨论、改进和抉择的成果，因此它有自己的生命。从理性上讲，这些项目属于我们，但作为一个个建筑成果，它们也属于社会。随着环境的改变和技术的进步，即便是未能实现的创意，也可能在下一个项目中得以实现。

如何始终保持既定的设计方向？

为了不迷失方向，我们有必要在设计一开始时就对项目进行深刻的分析，剩下的就是密切的团队合作，并将设计目标付诸实践了。在实际的建造过程中，我们不能停止思考，需要密切关注和核对草图及图纸。同时，必须放弃一些不合适的想法，这样才能向前推进项目。

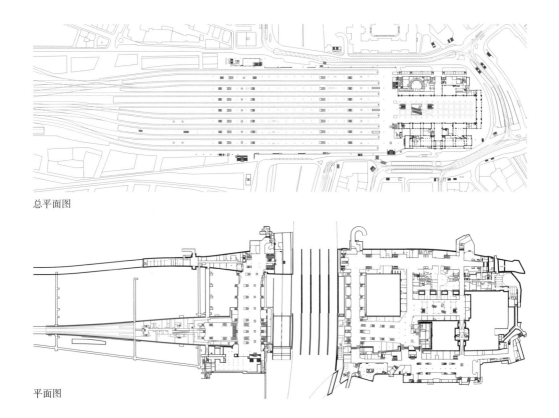

总平面图

平面图

如何对设计的进展做出全面的判断并优化设计过程？

设计过程每次都不一样，它会受到各种因素的影响，经常对方案进行讨论是设计过程中至关重要的部分。在不违背总体思路的情况下，设计理念需要不断发展和更正，因为变更提供了尽早改进策略的机会。

如何发现关键问题并寻求解决方案？

时间和资金是最重要的资源，每个问题都可以用时间、耐心和金钱来解决。遗憾的是，这些往往正是我们所缺乏的。重要的决定必须在几分钟内做出，我们没有几天或几个月的时间来仔细斟酌。在这种压力下，我们需要丰富的经验并谨慎行事。

在发现可能被忽视的问题方面，团队协作可以起到什么作用？

在大型团队中，总是存在诸多利益冲突。动机、社交互动、共同目标的传达和对项目的热情是团队成功完成项目的重要因素。在设计过程中，一些隐匿的问题会逐渐暴露出来，而通用标准对任何一个问题来说都是不够精确的。这时，团队成员通过不同的角度思考问题，便能得出不同的解决方案，这对整个项目的推进是非常有利的。

如何应对设计过程中的突发状况？

任何事情都有可能发生。我们不会错过任何一个需要推敲的点，而且时刻准备对突发问题做出反应。你越觉得安全，越觉得一切都在掌控之中，问题可能就离你越近。我们要时刻做好准备。

"建筑师的工作就是通过一个个成功的建筑作品来捕捉和展示客户的想法。"

Miguel de la Torre

**米格尔·德拉托雷
建筑事务所**

米格尔·德拉托雷创立了以其名字命名的建筑事务所，致力于开发各种规模、性质的住宅及商业项目。在过去的 25 年里，米格尔带领团队与一流的建筑和室内设计公司合作。"享受设计"是米格尔的设计理念。在他的项目中，总是会突出材料的性质，并注重色调的中和，这使他和团队所设计的空间具有足够的平衡感。事务所获得了多学科团队的支持，以充分满足各类项目的需求。

项目名称 —— 利物浦帕西奥克雷塔罗购物中心外墙
项目地点 —— 墨西哥，圣地亚哥
完成时间 —— 2017
项目面积 —— 8900 平方米
设计 —— 米格尔·德拉托雷建筑事务所
摄影 —— 杰米·纳瓦罗（Jaime Navarro）

该外墙属于墨西哥圣地亚哥的利物浦帕西奥克雷塔罗购物中心（Liverpool Paseo Queretaro Shopping Center），是由白色预制混凝土制成的三角形模块网格。这些网格的表面有些是平坦的，有些则是凹进去的"金字塔浮雕"结构。原始的三角形网格结构可以在三个方向上旋转，从而改变棱锥体的角度。当它们结合时，不规则的纹理就形成了。建筑师设计这样的立面，是希望捕捉外墙在一天中不同时间段的阳光投射下所产生的不同的反射效果。

如何解决场地条件带来的不利因素？

在开始设计任何项目之前，首先必须对场地进行分析。在一些不利条件中，我们发现了无法改变的限制因素。对"利物浦帕西奥克雷塔罗购物中心外墙"项目来说，项目的体量和环境是无法改变的。

我们需要将这些制约条件变成机会，而不是限制，以实现最初的设计方案，并达到客户的预期。在这个项目中，我们需要设计一个矩形的立面，配合建筑本身的要求。

在设计过程中，如何全面、客观、不先入为主地提出解决方案？

要试着用简单的方法来解决项目所遇到的问题，让现有条件帮助你找到正确的答案。在对"利物浦帕西奥克雷塔罗购物中心外墙"进行设计时，我们考虑了很多问题，例如，如何使材料的色彩和质地与商店标识相呼应。采用传统的设计方式不会有太大的问题，但我们的探索天性促使我们去寻找更多的东西——一个兼具美观性、实用性和创新性的解决方案。

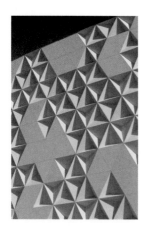

如何使抽象化的空间被感知和体验？

在开始项目设计之前，闭上眼睛想象自己就在场地上——你听到了什么？周围看起来如何？你希望传递给使用者什么？一旦明确了这些，你就可以开始设计了。"利物浦帕西奥克雷塔罗购物中心外墙"的光影效果可以让使用者在一天中的任何时间段，以不同的、独特的方式享受空间。

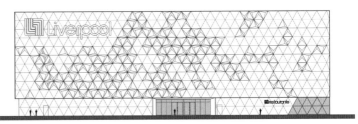

北立面图

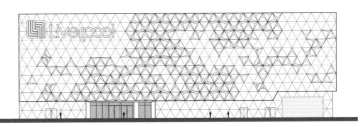

南立面图

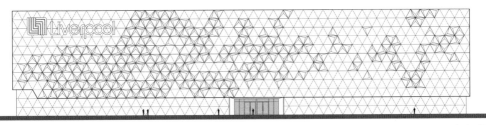

东立面图

如何协调功能、空间、风格和动线之间的关系？

随着一个项目的推进和成熟，能够保持所有要素的一致
性是非常重要的。项目讲述必须清晰，以线性方式发展，
从始至终忠实于最初的概念。我们为"利物浦帕西奥克
雷塔罗购物中心外墙"项目设计了多功能模块，以适应
仓库内部和外部的需求。同时，充分利用窗户和通道，
并且不打破三角形网格。

如何利用规划和想法推进设计？

在获得最终结果之前，建筑师要谨记所有步骤都很重要，并且慎重地对待每一个选择，因为我们要用它们来推进设计。你的头脑中会逐渐出现关于图案、质地、色彩或空间的想法，但不一定会有关于项目整体的想法。但即使是看似零碎的想法，对整个项目的设计也都是有益的。

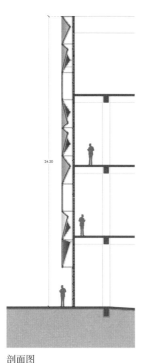

剖面图

如何准确地理解客户的意图？

建筑师的工作就是通过一个个成功的建筑作品来捕捉和展示客户的想法，与客户进行良好的沟通是项目成功的关键。作为建筑师，我们必须有同理心。在"利物浦帕西奥克雷塔罗购物中心外墙"项目的筹备阶段，我们便试图与客户就项目的需求进行深入的沟通，目的是获取所有可能有助于项目创造性发展的信息。

如何将客户的建议融入设计方案？

作为建筑师，我们必须有能力在客户的建议和要求与我们的方案之间进行协调。我们的目标就是运用我们的创造力和知识，将他们的愿望变成现实。我们会根据客户的要求有针对性地修改设计，找到有效的解决方案，进而优化项目的功能，并满足客户的心愿。

如何对自己的方案做出评价和判断？

始终牢记最终的目标，及时地意识到在哪些时刻投入更多的精力，将有助于建筑师对自己的项目进行规划和评估。永远不要停止怀疑，要适时地停下来对项目的概况进行判断。

如何在复杂、无序的情况下保持好奇心，以创造良好的秩序？

越是在复杂的情况下，越要尝试从多种角度看待事物，并征求不同方面的意见。我们致力于设计新颖的东西，这就要求我们保持对周围环境的敏感性——可以在音乐、美食、旅行、书籍、社交中寻找灵感。

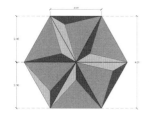

模块图

如何处理那些未能落地的创意？

不要轻易否定自己的想法，有时候可以把没用上的创意先放在一边，过一段时间后回过头来再看，也许你对项目的关注点会有所改变，这就为你提供了一个重新利用这些创意的机会。

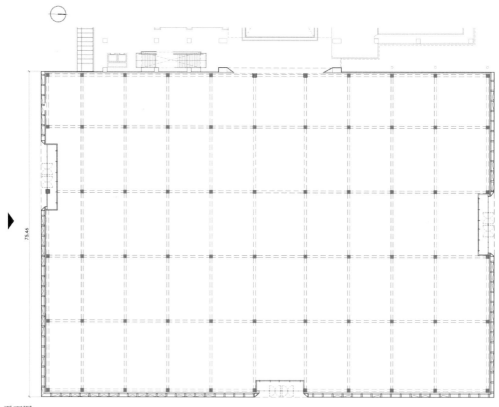
平面图

如何始终保持既定的设计方向？

有时，我们可能会在设计过程中迷失方向，因为总是存在着无数的选项。重要的是要意识到并确定你是否开始偏离最初的想法，如果开始偏离，那么是时候停下来回顾一下，并回忆那些引导我们获得最初想法的概念。探索不同的想法以达到最终的设计目标是正确的，但重要的是知道如何才能避免漫无目的地探索和如何安放这些想法。

如何对设计的进展做出全面的判断并优化设计过程？

对你的工作有清晰的判断是基本的，我们必须把时间上的限制看作是开发创造力的机会。没完没了地修改项目可能会让人精疲力尽，这时简化步骤有助于优化过程，从而获得更好的结果。对设计过程进行评判不一定具有否定的含义，因为掌控设计过程有助于我们更好地了解和探索我们的资源、机会、优势以及劣势。

如何发现关键问题并寻求解决方案？

当我们着手对项目进行设计时，我们会设法了解所有可能的场景，以及可能存在于每个场景中的复杂情况，这样有助于项目有新的进展。在对"利物浦帕西奥克雷塔罗购物中心外墙"这个项目进行设计时，深入了解这个项目有助于我们以更有效、更快捷的方式解决问题。我们享受这个过程，并且明白每个问题都使我们向一个伟大的建筑又迈进了一步。

在发现可能被忽视的问题方面，团队协作可以起到什么作用？

俗话说：三个臭皮匠，顶个诸葛亮。很多时候，你所能得到的信息越多越好。团队协作是创造出色项目的重点。团队中会出现不同的观点，这正是一个发现那些可能被忽略的问题的机会，对项目的推进也有很大的帮助。

如何应对设计过程中的突发状况？

意想不到的情况是开发创造力的好机会，思考各种可能性会使人脑洞大开。可以做任何尝试，即使这些尝试看起来可能并不合理，甚至让人感到惊讶。

"未来的不确定性和随时出现的新挑战将不断完善最初的规划。"

Storaket Architectural Studio

Storaket 建筑工作室

Storaket 建筑工作室是一个提供全方位服务的工作室，致力于将建筑的美观性与实用性结合起来，为空间增添使用价值。其业务范围包括城市规划、建筑设计、室内设计和施工管理。在过去的几年中，Storaket 建筑工作室找到了自己的定位，并参与了多个建筑项目的设计，包括学校、私人住宅、公寓、多用途建筑、银行和办公场所。

项目名称 --- Ayb 中学教学楼 C 座
项目地点 --- 亚美尼亚，埃里温
完成时间 --- 2017
项目面积 --- 4200 平方米
设计 --- Storaket 建筑工作室
摄影 --- 索纳·马努基扬（Sona Manukyan），安妮·阿瓦吉安（Ani Avagyan）

该项目属于 Ayb 中学的一部分，总建筑面积为 4200 平方米，可容纳 240 名学生。其设计理念是创造一个开放的、协作的教育环境，功能布局灵活多样，能够帮助学生们以多种方式学习。

建筑的一层平面与一个采用开放式布局的圆形剧场融为一体，建筑师通过使用隐藏的开口和通道使一层的内部空间与建筑周边的景观相结合，方便学生们走出大楼，与大自然有更多的交流。从视觉上来说，教学楼 C 座与校园里的其他建筑能够以非常和

谐的姿态共处于同一区域。所有与教育环节有关的空间，如教室等，都位于上层，大厅和自助餐厅这样更加开放的社交空间则位于下层。尽管这些建筑在外部结构上存在差异，但其内部的组织结构是相同的。

教学楼 C 座配有实验室、美术工作室、体育馆、露天剧场、游戏和娱乐室及图书馆，各式各样的硬件设施也非常齐全，能使学习过程尽可能简单、流畅。建筑的内部没有使用石膏涂层，油漆的使用量也保持在最低限度。墙面基本上保持了清水混凝土的原始模样，未做多余铺装，仅在外部做了防水涂层处理。所有布线都暴露在外。

尽管地下室设置在地面以下 4 米处，但是仍然能够引入自然光。挖掘的边界远远超出了建筑的轮廓边界线，在其周围一圈形成了一个可以自由漫步和进入庭院的空间。建筑师还设置了绿色屋顶。

该建筑是以节能为目标进行开发的，设有节能空调系统。南立面外墙上安装有太阳能电池板。设计团队还开发了专有技术，使用传感器来自动定位，让太阳能电池板一直朝向阳光最充足的方向。

如何解决场地条件带来的不利因素？

在开始任何项目之前，我们的工作室都会进行全面的场地分析，并充分利用场地的自然条件。不利的场地条件通常为空间的流动提供了主要思路。在设计"Ayb中学教学楼C座"这个项目时，通过对场地和土壤进行分析，我们必须设置地下一层，将其用作灵活的多用途房间。

西立面图

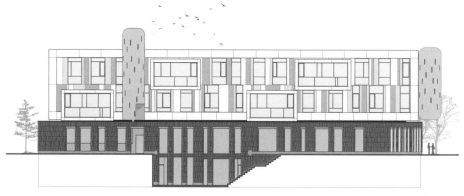

南立面图

在设计过程中，如何全面、客观、不先入为主地提出解决方案？

任何两种设计都不可能一模一样。建筑师的天性就是通过每个新项目来挑战自己。于是，我们利用经验、灵感和创意针对初始概念集思广益，从零开始为"Ayb 中学教学楼 C 座"设计一切。最初的概念经过了多次修改，因为很多想法都要以区域划分、功能空间和客户的需求变化为基础进行完善。最好的解决方案永远是对项目进行多次讨论和分析后得出的。

如何协调功能、空间、风格和动线之间的关系？

每个区域的布局都是由功能驱动的。一旦明确了这个想法，一切就都变得清晰起来。"Ayb 中学教学楼 C 座"是一个开放、协作的教育空间，学生可以很容易地来

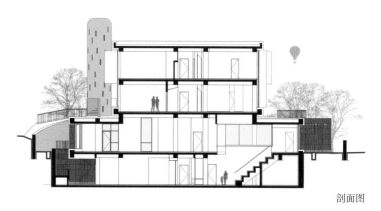

剖面图

到户外亲近大自然。上层设有教室，下层设有自助餐厅和工作室。该建筑保持着与其他校园建筑类似的流动方式，且它的每个区域都有特定的功能，空间的动线、风格都与"教育"这一建筑功能协调一致。

如何利用规划和想法推进设计？

关于"Ayb中学教学楼C座"这个项目，当代学生如何看待他们的教育环境，以及他们期待怎样的教育环境是我们最关心的，这决定了建筑最初的概念核心。未来的不确定性和随时出现的新挑战将不断完善最初的规划。

如何准确地理解客户的意图？

预先确定客户的期望和需求是非常重要的。在设计过程中，建筑师可能要与相关各方进行多次讨论，并了解所有相关人员的意愿。之后根据对场地和其他需求的分析，提出我们认为正确的解决方案，在向前迈进之前要确保各方达成一致。

如何将客户的建议融入设计方案？

每个项目都要相互协作，这一点非常重要。全面的沟通是工作顺利展开的关键。例如，在"Ayb中学教学楼C座"这个项目最初的设计方案中，立面使用的材料是石材。然而，在仔细考虑了抗震标准，并考虑到这栋教学楼属于教育建筑这一事实后，我们提出要对

立面材料进行调整。经过讨论，我们决定使用石膏来替代石材。这是我们与客户积极沟通的结果，重要的是要让客户了解情况，并给出解决方案。在设计过程中融入客户的想法是很重要的。有些想法是好的，也有些想法是不尽如人意的，要对具体的想法是否能够落实进行沟通与分析。

如何对自己的方案做出评价和判断？

"Ayb 中学教学楼 C 座"项目最终呈现的效果与最初规划其实是不同的，但是在设计过程中，我们所做的调整并没有偏离最初的概念。困难之处在于，我们不仅要与客户沟通，还要与总承包商、工程师和其他专家沟通。我们要听取各方的意见，以此完善我们的方案。

如何在复杂、无序的情况下保持好奇心，以创造良好的秩序？

享受创作过程是设计最重要的部分，这就是我们能够带着好奇心和寻找解决方案的动力接受任何挑战的原因。对"Ayb 中学教学楼 C 座"这个项目来说，在方案设计的初始阶段，我们就与工程师和总承包商讨论了我们的设计方案，以便尽可能地减少他们在施工过程中遇到的问题。同时，我们时刻关注方案的进展，保持对整体设计的敏感度。

如何处理那些未能落地的创意？

一些我们在设计过程中探索出的方案，即便当时没有被采用，也可能在之后的项目中得以实施。建筑师应

该将那些没能落地的创意记录下来，尽管暂时没有将它们付诸实践。

如何始终保持既定的设计方向？

这是每个项目中最有难度的部分。现实和目标总是产生冲突，我们无法把控的因素有很多，也无法事先规划好项目落地的整个过程，但我们始终相信最初设定的设计方向。依靠着解决问题的能力以及专业精神，我们有信心交付给客户一个令他们满意的项目。

如何对设计的进展做出全面的判断并优化设计过程？

对设计进展进行全面的判断是有好处的。首先，这样做可以明确现有方案仍存在的不足之处，允许我们重新思考；其次，这样做还可以发现某个解决方案可能不适合特定的项目，之后可以用在其他项目中。因此，有时候让团队中没有完全参与特定项目的人参与进来，并提供新的想法和建设性的意见，是非常有用的，这个过程给了我们完善设计方案的机会。

在完成 Ayb 中学其他教学楼的设计后，我们对客户的需求有了更多的了解。因此，我们可以对"Ayb 中学教学楼 C 座"的设计做更周密的准备，这对设计的过程起到了优化作用。整个项目进展得非常顺利。

如何发现关键问题并寻求解决方案?

所有相关各方都希望看到一个功能齐全,能恰当地发挥其功能的建筑,但要想做到这一点,我们需要逐个解决遇到的问题,并不惜任何代价找到解决方案。设计一栋建筑并不是一件很容易的事,真正的设计是通过不断的妥协和创造来完成的,同时还要始终坚持设计的主要目标。在设计过程中,可能会出现一些需要进行大幅度修改的问题,但只要相关各方都对结果感到满意,它就是成功的。

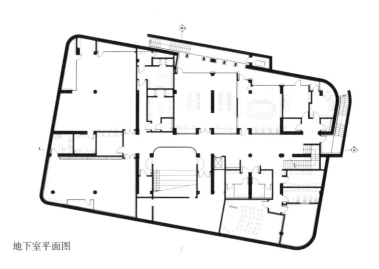

地下室平面图

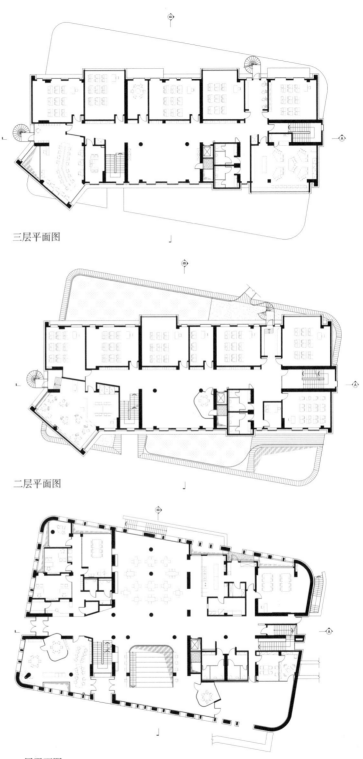

三层平面图

二层平面图

一层平面图

在发现可能被忽视的问题方面，团队协作可以起到什么作用？

团队协作对发现可能被忽视的问题来说至关重要。团队协作不仅意味着在我们的工作室内部相互协作，还意味着与其他相关各方协作，以专业的角度互相查验，找出可能被忽视的东西。与同事、工程师和专家一起对项目进行查验是非常重要的，提出批判性的建议并最终得出解决方案是向前推进项目的最佳方式。

如何应对设计过程中的突发状况？

当我们遇到意料之外的重大问题时，我们要避免产生恐慌情绪。这时，项目的核心思想及背后的逻辑将引导建筑师找到解决突发情况的最佳答案。

"我们不避讳那些大胆的想法，并乐于不断寻找解决方案。"

JM Studio Architek-toniczne

JM 建筑事务所

JM 建筑事务所成立于 1992 年。事务所致力于建筑、室内和景观设计，每个项目对团队成员来说都是独一无二的。同时，他们认为一个好的建筑或室内设计概念只是一个开始，精确地完成设计同样重要。他们还试图以总承包商或替补投资者的身份参与项目。

项目名称 ——— Intop 办公室
项目地点 ——— 波兰，华沙
完成时间 ——— 2017
项目面积 ——— 980 平方米
设计 ——— JM 建筑事务所
摄影 ——— 马里乌什·珀塔（Mariusz Purta）

该建筑由三个高度、材料各异的重叠长方体组成。外墙使用的材料包括耐候钢、混凝土、钢材和石笼，并覆上了一层铜绿色的油漆，无须特殊维护。巨大的玻璃表面使建筑看起来不会沉闷。从西侧看，立面被打造成 10 米高的巨型石笼墙，并用花岗岩骨料进行填充，无论白天还是夜晚都非常引人注目。

地块的规模、位置和土地使用规划使建筑看起来有两个正面：主街上的石笼墙和实际入口所在的小后院。北侧立面有两个大型的玻璃凸窗和工业风格的外部金属楼梯。南侧立面有一个带有耐候钢防护架的纵向窗户，用来散射阳光，并遮挡来自相邻建筑物的视线。

整栋建筑装有大量宽大的玻璃，为室内带来充足的日光。内部空间通透性良好，营造了一种凝聚、交会的感觉，同时保证了办公时所需的安静氛围。混凝土结构直接暴露在建筑内部，而所有技术系统及设备都被隐藏起来。这栋办公建筑已完全实现智能化，非常易于管理。

如何解决场地条件带来的不利因素？

以"Intop 办公室"项目为例，地方法规、不太美观的街区环境、嘈杂的道路以及客户的过高期待都为该项目带来了诸多限制。但有时限制越多，最终的效果就越有趣。限制可以激发并提升我们的创造力，迫使我们思考如何将劣势转化为优势。

在设计过程中，如何全面、客观、不先入为主地提出解决方案？

建筑师必须时刻保持清醒的头脑，接受不同的变化，而不是固守一个概念。首先，要考虑外部的限制条件，进行实用性分析。经过不断的努力，原始概念才能变成一个看得见的建筑实体。在"Intop 办公室"项目中，我们必须考虑远处的视角，因为人们可以从远处看到这个建筑。最终，我们选择在内部和外部都使用耐候钢、石笼和混凝土这几种材料。

如何使抽象化的空间被感知和体验？

空间是可以传递情感的，对设计师和用户来说都是如此。就"Intop办公室"项目而言，我们首先需要弄清楚使用者是如何在空间内工作的，以及员工和访客对会议室有什么样的期待。建筑师可以假设自己是用户，在空间内走动，这样可以帮助他们更好地感知原本抽象的空间。

如何协调功能、空间、风格和动线之间的关系？

"Intop办公室"项目的建筑设计与室内设计是同时进行的，它们形成了一个不可分割的整体。也正是因为这样，室内设计变成了建筑设计的一部分，立面设计也变成了室内设计的一部分。在某个阶段，我们甚至停下了建筑设计的工作，对室内设计进行微调，直到我们认为室内呈现的效果与建筑是相互呼应的。

如何利用规划和想法推进设计？

"Intop办公室"项目的设计和施工的每个阶段都是由我们负责的。从概念设计、模型制作、建筑设计、室

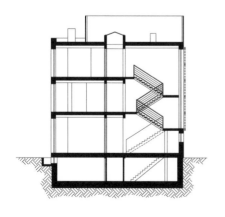
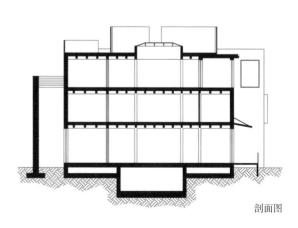

剖面图

内设计，再到最容易被忽略的细节，都是由我们完成的。在设计过程中，我们时刻牢记最初对项目设定的规划，小心翼翼地推进设计。

如何准确地理解客户的意图？

理解客户的真实意图对我们来说始终是一个挑战。有时客户无法清楚地表达自己的期望，我们不得不依靠直觉。此外，客户的期望常常是与现实相矛盾的，这时建筑师的作用是对客户的期望进行创造性的处理。

如何将客户的建议融入设计方案？

建筑师不能直接交付自行设计的建筑，他们的专业建议可以起到引导作用，但客户的建议也是非常重要的。建筑师与客户之间的沟通是非常必要的，良好的倾听技巧也很重要。在一开始，建筑师就有必要将客户的建议都记下来，这对将它们融入设计方案是很有帮助的。

如何对自己的方案做出评价和判断？

我们只会受到想象力和项目预算的限制，其他东西永远都不会成为设计路上的绊脚石。我们不避讳那些大胆的想法，并乐于不断寻找解决方案。为了保证我们定下的看起来天马行空的设计方案是可行的，我们必须设定高标准，以便随时对设计方案做出评价。

如何在复杂、无序的情况下保持好奇心，以创造良好的秩序？

一方面，要避免被困在混乱、无序的过程中；另一方面，要在保持好奇心、不断突破的同时，避免在设计中出现不必要的华丽元素，因为它们很快就会过时。

如何处理那些未能落地的创意？

不要放弃大胆的想法，因为迟早会有机会来兑现这些想法，当你遇到更开放、更清醒的投资者，或是拥有更多预算时，便是合适的时机。永远不要气馁，对建筑师来说，最重要的就是要坚持不懈，要有耐心，要持之以恒。

如何始终保持既定的设计方向？

令人遗憾的是，波兰相关的法规规定，建筑师在获得施工执照后，不能继续参与后续的一些工作，所以能够同时负责建筑设计和室内设计的情况少之又少。通常情况下，室内设计是独立的，建筑设计中不包含这项内容。但在设计"Intop 办公室"项目时，通过努力，我们成功地参与了后续工作。也正是因为如此，该项目从始至终都在沿既定的设计方向推进。

如何对设计的进展做出全面的判断并优化设计过程？

建筑师需要完成的重要工作之一就是对项目做出全面的判断，保证建筑在美观性、功能性以及预算、客户需求等多方面上的平衡。"Intop 办公室"项目的设计完成得并不容易，我们一直承受着很大的压力。因为投资者不明白一个建筑的落成涉及诸多方面，其中包

一层平面图　　　　　二层平面图　　　　　三层平面图

含着很多冲突和困难。除了设计，在施工和装潢的过程中建筑师仍然需要修正很多细节，这对全面地优化设计过程有着重大的意义。

如何发现关键问题并寻求解决方案？

你必须时刻全神贯注，一定不要墨守成规，而是要近乎痴迷地去试图控制一切，以防最终的设计与最初的概念有很大偏差。所以，建筑师有必要在设计过程中时常停下来思考设计进程，以便及时发现问题。

在发现可能被忽视的问题方面，团队协作可以起到什么作用？

从理论上讲，团队协作会使项目管控变得容易。在实践

过程中，主设计师负责对整个项目进行把控，并监督后续的落地情况，其他团队成员则从各个角度对项目的细节进行处理。当每个参与项目不同环节的人都全情投入时，距离项目达到预期效果的目标就更近了一步。

如何应对设计过程中的突发状况？

建筑师必须掌控整个项目，平衡各方面的矛盾，所以他们必须像达·芬奇一样，具有跨学科的理论知识和实践经验。艺术家、工程师、工匠、心理学家、谈判家、估价师……这些身份涉及的领域虽然看似遥远，但都是建筑师需要了解的，因为只有掌握了多学科的知识，才能不断地发展和完善自己，以便应对设计过程中的各种突发状况。

"客户的建议是设计理念的核心，这些建议将在项目开发过程中不断地得到支持与完善。"

Jean-Pascal Crouzet
让－帕斯卡·克鲁泽

让－帕斯卡·克鲁泽于 1989 年在格勒诺布尔国家建筑学院（National School of Architecture of Grenoble）完成学业。1992 年，他加入了建筑工作室（STUDIOS Architecture）在巴黎的工作室，这期间在该工作室位于旧金山的总部工作了六个月。2000 年初，他离开建筑工作室，与他的建筑师妻子纳迪娅·克鲁泽（Nadia Crouzet）共同创立了 Lautrefabrique 建筑事务所（Lautrefabrique Architects）。

项目名称 --- Carrier 体育馆改造
项目地点 --- 法国，圣马塞兰
完成时间 --- 2013
项目面积 --- 2200 平方米
设计 --- Lautrefabrique 建筑事务所
摄影 --- 吕克·伯格利
（Luc Boegly）

2011 年，圣马塞兰市政府委托 Lautrefabrique 建筑事务所对 Ecole du Stade 学校的校园进行改造，以期恢复从前的活力。在对校园内 Carrier 体育馆的结构进行分析后，设计团队认为该体育馆的原建筑值得保留下来，于是项目的重点变成了保护和改造。

建筑师首先确定了 Carrier 体育馆存在的问题。他们意识到，没有合适的引导标识是体育馆的一大外部缺陷，这导致经过的人无法清楚地了解该建筑的用途。为了解决标识问题，设计团队设计

了三种不同类型的标识。首先，他们在屋顶设计并安装了大型标识，使人们可以从繁忙的道路上看到体育馆的位置。除了文字标识，设计团队还在相邻建筑的墙上设置了 3 个巨大的运动剪影，通过展示体育馆内的体育项目来定义建筑的用途。最后完成的是由原本用作体育馆门柱的石头建造而成的图腾柱，这也成为该项目的关键性标志。在设计团队对建筑的外部结构进行研究之后，他们决定给有着清晰线条的建筑添加色彩。现有的入口棚顶被保留下来，入口处的玻璃门被替换为与原有设计风格相符的窗户。设计团队还在棚顶和标志杆上安装了彩色 LED 灯，为主立面增添色彩。体育馆南墙上的聚碳酸酯板被换成了更节能的材料。

在建筑的内部，设计团队发现了两个需要解决的问题：第一个问题是需要增加室内空间的温馨感；第二个问题则是需要对体育馆现有的更衣室和卫生间进行改造。设计团队用巨大的倾斜木墙为空间增添了暖意，同时还增加了主体育馆空间和更衣室、卫生间区域之间的分隔。除了这些变化，设计团队还打造了一个举重场地，如今被圣马塞兰市举重俱乐部征用。起初，Carrier 体育馆内的举重场地非常狭窄，但是有了可以俯瞰体育馆主要区域的二层玻璃结构之后，空间建立起了从上到下的视觉连接。

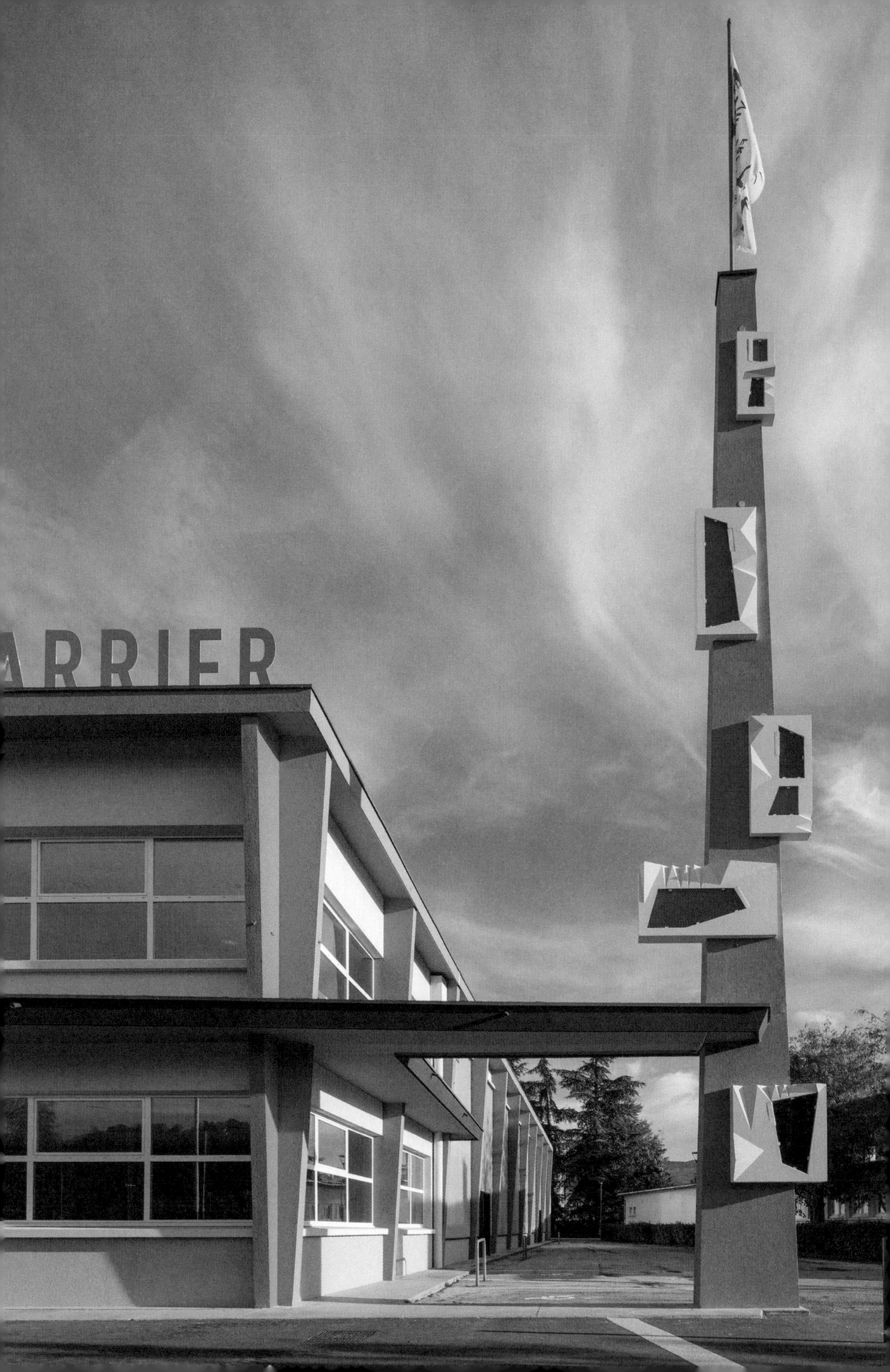
ARRIER

如何解决场地条件带来的不利因素？

　　"Carrier 体育馆改造"项目是对一个 20 世纪 60 年代建成的体育馆进行改建。我们对值得保留下来的、有价值的、充满活力的元素进行了详细的分析。为了保护建筑的原有造型，我们考虑在没有呈现任何建筑特征的山墙表面覆上一层隔热材料，以此解决建筑因地理位置而导致的保温效果不佳这一问题。

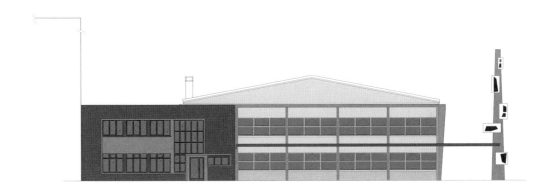

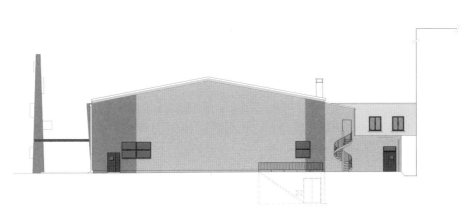

立面图

在设计过程中，如何全面、客观、不先入为主地提出解决方案？

没有先入为主的想法是不可能的。无论什么项目，我们都会对需要进行设计的对象有一个事先的判断。以游泳池为例，每个人对游泳池都会有自己的想法，有些人会把它想象成加州花生的形状，有些人会把它想象成长长的泳道或是一个天然的生态池……因此，从项目一开始，我们就需要明确每个参与者以及客户的想法，这对我们来说是非常重要的。

如何使抽象化的空间被感知和体验？

将项目投射到空间中，想象使用者对空间的感受是非常重要的。在建模工具的帮助下，我们如今可以通过空间模拟来避免一些错误和不必要的开销。Carrier 体育馆的客户非常希望在夹层设置一个露天看台。3D 模型使我们意识到柱子的宽度遮挡了看台上观众的视线。最后，我们在夹层空间没有设置任何台阶，并提供了一个宽大的扶手，使观众可以舒适地欣赏场上运动员的身姿。

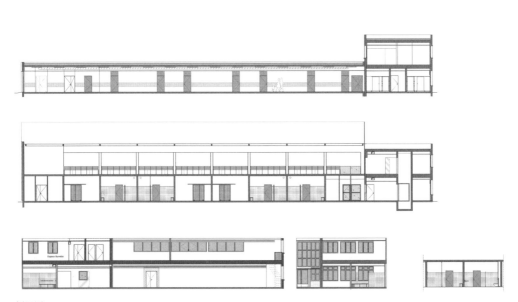

剖面图

如何协调功能、空间、风格和动线之间的关系？

在设计过程中，建筑师需要逐个检查每两个相邻空间之间的流通路线，以便及时解决发现的问题。在对 Carrier 体育馆进行改造时，空间之间的流通线路经过了细致的调整：对通往更衣室和卫生间及训练区的通道进行了调整；改造后的更衣室与入口大厅和训练区的通道直接相连。

如何利用规划和想法推进设计？

任何元素都可能形成与项目有关的想法，这些想法应当以最直观的形式被记录下来，如草图、照片。它们将构成一个数据库，供我们在项目的开发过程中随时调用，以此推进和完善设计方案。

如何准确地理解客户的意图?

建筑师需要制订详细的方案以明确客户的想法。我们极力鼓励项目所有者和使用者在整个规划和设计期间参与项目。以"Carrier 体育馆改造"项目为例，根据客户的要求，我们对一些目标使用者进行了随访。客户的建议是设计理念的核心，这些建议将在项目开发过程中不断地得到支持与完善。

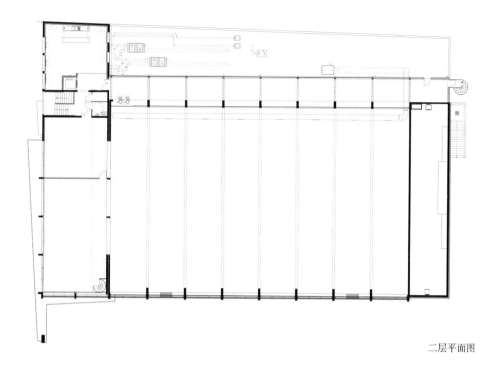

二层平面图

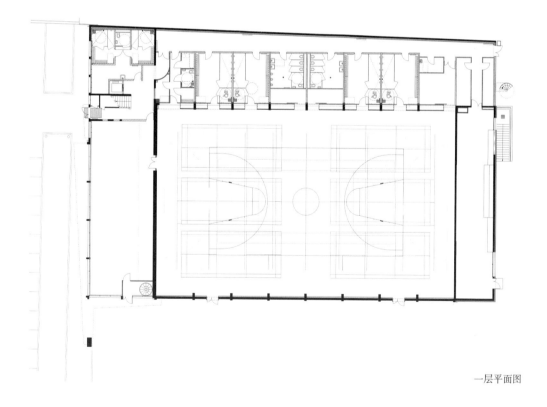

一层平面图

如何对自己的方案做出评价和判断？

以"Carrier 体育馆改造"项目为例，项目团队的成员和其他参与方提出了各种不同方案，经过多方激烈"交锋"和评制，我们最终选择了一个可以满足大多数人需求的方案。

如何在复杂、无序的情况下保持好奇心，以创造良好的秩序？

当你成功应对复杂或者混乱的状况时，你会发现它们是可以为你带来灵感的。拥有好奇心不是处理这类状况所需要的首要条件，但有助于我们从复杂和无序的状态中走出来。

如何处理那些未能落地的创意？

新的辅助设计工具越来越强大，使建筑师能够实现更复杂的想法，软件使先前无法想象的复杂形式成为可能。从形式的角度来看，由软件生成的数据可以帮助设计公司将概念变成现实。因此，当下对建筑最大的限制似乎就是成本问题了。所以，保留那些尚未实现的创意是很有必要的。

如何始终保持既定的设计方向？

在我们进入下一个阶段之前，进行必要的复盘是非常重要的，就像面点师，他会让面团静置一会儿。不要退缩，但是要意识到项目是从原始方案中衍生出来的。

如何对设计的进展做出全面的判断并优化设计过程？

设计开始之前，我们就会制订一个时间表，列出设计的不同阶段和重要的时间节点，并分享给客户，以便他们在对应的时间点对该阶段的设计成果做出回应或是提出意见。这样做有助于建筑师对设计的进展做出全面的判断。

如何发现关键问题并寻求解决方案？

问题并不总是在项目开始时就出现，在设计过程中遇到问题不要置之不理，因为它迟早会再次出现。

解决问题的方式有很多种，当我们设计"Carrier 体育馆改造"项目时，客户坚持要在更衣室上方设置露天看台，但是这样一来，训练区的现有结构就需要调整，

观众的视线会被现有的混凝土立柱隔断，他们将只能
看到运动场的局部。我们用计算机模拟出了这一情况，
才说服了客户同意放弃露天看台。

**在发现可能被忽视的问题方面，团队协作可以起到什
么作用？**

我们相信，视觉与体验的交锋会给项目带来好处，于
是我们将工程师、园林设计师和照明设计师的技能结
合起来。

我们在项目的各个阶段与客户及其他合作伙伴进行沟通，这种"共享"有利于找到最符合客户需求的解决方案。

如何应对设计过程中的突发状况？

即使设计已经完成，施工阶段通常还会出现无法预料的问题。尤其对于改造项目来说，建筑师的存在更为重要，因为丰富原有的设计或是修正之前的方案总是可以带来惊喜。

"图纸是建筑的语言，是表达观点和思想的工具。"

Che Fu Chang

张哲夫

张哲夫在完成了普拉特学院（Pratt Institute）热带建筑专业硕士课程的学习后，在纽约著名的 Edward Larrabee Barnes 联合工作室工作了 9 年。1978 年，他创立了张哲夫建筑事务所，致力于住宅、博物馆、地铁站和仓库等不同类型项目的设计。近几年他们将关注点放在更为全面的综合建筑上，并希望将有趣、实用的想法融入智能建筑解决方案。

项目名称 --- 永联台中物流中心
项目地点 --- 中国，台中
完成时间 --- 2017
项目面积 --- 37 055 平方米
设计 --- 张哲夫建筑事务所
摄影 --- 挈空间工作室
（Studio Millspace）

该项目位于靠近火车站的开发区内，是一个货物流通中心。因为建筑距离车站只有 800 米，站台上的旅客很容易就能看到它，所以设计团队希望该建筑不仅是为货物创造的枢纽，还是为游客创造的枢纽。

通过周密的策划，一个既是货物流通平台，又是公共交通枢纽的建筑就此诞生了。建筑师利用场地与高铁站紧密联系的优势，为建筑加入了少量办公室和小型零售商铺。于是，这栋建筑变成了多元化的仓库，不再像原来那样功能单一。这些新的元素改变了人们对物流建筑的刻板印象，使其不再是对公众毫无用处的"大盒子"。

为了激活具有高度交互性的商业街，建筑师为建筑设置了楼梯、平台和公共设施，并沿街种植了两排树木。此外，出于对安全问题的考虑，绝大多数绿色空间不面向公众开放，但通过东立面的大楼梯，人们可以直接抵达屋顶花园——这是建筑送给他们的礼物，俯瞰壮丽的城市景观。此外，楼梯不仅是一种公共性的象征，更是一个将内外环境连接起来的"桥梁"。建筑师希望有一天楼梯能被郁郁葱葱的植物所覆盖，成为与屋顶花园融为一体的绿色动脉。

如何解决场地条件带来的不利因素？

"永联台中物流中心"有一半被铁轨和高架路环绕，是该地区自 2007 年以来的首个新建成项目，所以当时关于周边环境，我们没有可以参考的资料或经验，所有细节都需要进一步研究。由于该项目属于物流建筑，它必须像机器一样运转，以更好地实现货物和包裹的流通，因此缺乏与公众的互动也在意料之中。因为项目场地离车站很近，站台上的人们很容易就能看到这里。于是，我们开始思考能否加入一些带有宣传效果的元素，以此增加项目周围街道的活力。同时，我们又希望为项目创造一个公共空间，用于平衡以工业为导向的建筑所带来的沉闷氛围。这些动机有助于我们明确设计目标，并推动后续设计。

在设计过程中，如何全面、客观、不先入为主地提出解决方案？

我们尝试从不同角度来设计仓库，希望颠覆行业内的典型设计逻辑——投资回报率最大化。

对于"永联台中物流中心"这个项目，我们并没有利用计算机展开设计，而是从寻找工业场所的人文精神入手展开设计。我们对潜在动线进行了仔细的测绘和论证，以推导出通道和路线，同时加入一系列物流建筑设计中通常被忽略的公共空间，以此刺激人们进行互动。

如何使抽象化的空间被感知和体验？

重要的是要从使用者的角度来审视设计，以控制空间的规模、氛围等。此外，任何可能影响用户体验的元素，包括纹理、材料、颜色、光线、风等，建筑师都应当仔细考虑，以确保建筑完工后的品质。

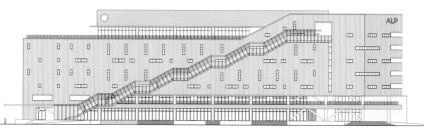

东立面图

在"永联台中物流中心"项目中，我们设置了朝东的屋顶花园。在阳光明媚的下午，用户可以看到高铁驶过的景象。此外，大型楼梯被认为是连接屋顶花园和街道的公共标志——鼓励人们爬上去探索，开启一段愉快的旅程。这就是我们小心调整楼梯台阶的尺寸，并在每层入口前设置了几个平台的原因。我们希望打造一个有趣的社交空间，而不仅仅是完成一个引人注目的附属空间，供人们上上下下。

如何协调功能、空间、风格和动线之间的关系？

"永联台中物流中心"的东翼充当了这个物流建筑的社交空间。为了打造一条互动性强的商业街，我们为建筑设置了两层楼高的拱廊。两排高大的树木、户外台阶与各种街道设施沿街而设。虽然场地内大部分空间因不可避免的仓储功能需求被封闭起来，但是东翼上方的屋顶花园作为呈现给市民的礼物，通过东立面的大型楼梯与底层空间相连，实现了让"永联台中物流中心"成为社交空间的目标。

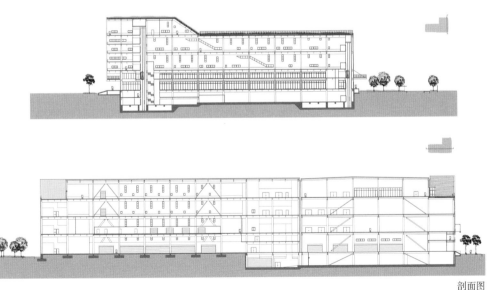

剖面图

如何利用规划和想法推进设计？

图纸是建筑的语言，是表达观点和思想的工具。作为建筑师，我们可以通过大量的图纸来回应场地和客户的建议。这种方式有时有用，有时效果却并不明显。但是无论结果如何，画过的图纸都会在建筑师的脑中留下痕迹，静静等待下一次迸发火花的机会。

如何准确地理解客户的意图？

一个好的客户对一栋建筑来说至关重要，这表明了相互信任的重要性。此外，倾听也是至关重要的——要尽可能地了解客户的心态，因为你可以从中提炼出项目的核心价值。在"永联台中物流中心"项目中，我们知道客户期望的不仅仅是一个巨大的"盒子"，他们希望展示他们大胆的创造精神。

如何将客户的建议融入设计方案？

我们很幸运能与我们的客户展开良好的对话，而且我们注意到客户的参与度越高，获得的设计效果就越好。充分理解客户的建议是设计的基础，以便建筑师对初始规划的可行性进行检验，同时也为建筑师提供了重新规划的机会，从而创造出一些超出客户预期的东西。我们不会提出片面的理想化方案，而是尽可能地保证方案的实用性。

不断地改进设计是建筑师的日常工作。时常思考是否有更好的解决方案，不仅是完美主义者的执着态度，也是一种职业习惯。作为一名建筑师，有必要积极地认识和挑战自我。

如何在复杂、无序的情况下保持好奇心，以创造良好的秩序？

世界本就是复杂的、可持续发展的，这就是为什么我们热衷于创造人与建筑之间互动的机会，永远对世界充满好奇心。在这方面，我们认为建筑师有义务做得更多。这就好比为城市做规划时，应鼓励普通市民贡献自己的力量一样，最精彩的城市样貌总是源于城市景观的复杂性和多样性。

如何处理那些未能落地的创意？

有时候不可能把所有的东西都堆放在一起。由于现实原因，有些期望可能不会马上实现。但这不应成为放弃好创意的借口，你仍然需要突破极限，即使我们最终提出的只是一个愿景。如果你做出了过多的妥协就

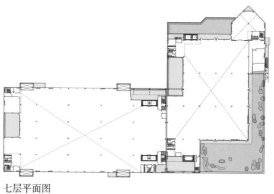

七层平面图

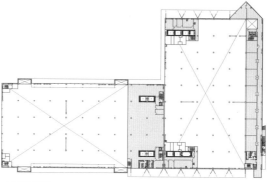

二层平面图

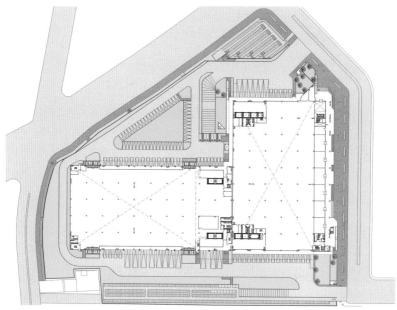

一层平面图

失去了实现一些想法的机会。

如何始终保持既定的设计方向？

保证工作进度是非常重要的，特别是在不断获得大量信息的时候——这个时候大家都很容易迷失方向。要记得关注重点，并定期提醒团队停止过度的、无意义的设计。

如何对设计的进展做出全面的判断并优化设计过程?

建筑师必须时刻保持对话的开放性,以便听取团队成员的意见。从不同的角度审视设计是非常重要的,这会给项目带来很多好处。当人们对设计充满热情时,可能会有争论,甚至分歧,但这是一个不可或缺的过程。

如何发现关键问题并寻求解决方案?

"永联台中物流中心"项目的主题是"如何通过巧妙的设计策略减少既定体量所带来的视觉和操作上的影响"。一方面,我们要保证仓库能够高效运作;另一方面,我们希望打造一个社交空间。我们的解决方案是将卡车通道设置在主干道对面角落里的单通道系统内,同时打造一条 150 米长的街道,这也是该项目最大的特点。

在发现可能被忽视的问题方面，团队协作可以起到什么作用？

完美的设计过程依托于流畅的工作流程，这意味着建筑师必须承担起促进沟通的责任，还要鼓励团队成员指出问题并共同寻求解决方案。团队紧密协作是发现问题的关键。

如何应对设计过程中的突发状况？

总是会有意想不到的事情发生，最好的方法是把它当作一个可以使项目变得更好的机会，即使这个过程通常让人不怎么舒服。这是"建筑师"这个职业属性的一部分，你会遇到很多突发状况，它们会给设计过程带来冲击。乐观和积极的态度便是最好的回应。

"好设计的呈现是一个非线性的过程，其间，你会经历各种各样的情绪。"

Anna Torriani, Lorenzo Pagnamenta

安娜·托里亚尼，
洛伦佐·帕格纳门塔

安娜·托里亚尼是纽约 APT 建筑事务所（Atelier Pagnamenta Torriani）的创始人、合伙人，她目前担任美国建筑师学会公共建筑协会（AIA Public Architects）的主席。

洛伦佐·帕格纳门塔是纽约 APT 建筑事务所的创始人、合伙人和设计负责人，毕业于苏黎世联邦理工学院。他拥有多学科经验，是一位设计几何学的专家，主导事务所的细部设计、可持续设计和技术研究。他还曾以画家的身份涉足艺术界，为工作室的项目带来艺术气息。

项目名称 --- 水手港图书馆
项目地点 --- 美国，纽约
完成时间 --- 2014
项目面积 --- 929 平方米
设计 --- APT 建筑事务所
摄影 --- 艾伯特·韦切尔卡
（Albert Vecerka）/ Esto

自 20 世纪 30 年代以来，纽约水手港的居民一直在呼吁建立纽约公共图书馆（New York Public Library）的分馆。这个地区有着丰富的航海和牡蛎养殖历史，当地居民对图书馆的主要功能需求包括多媒体使用及培训、课后支持、集会，以及图书馆作为书籍资料库的传统功能。

新大楼位于住宅区和工业区之间，周围生长着茂盛的植物。大楼由两个非对称的建筑体块构成，像一个裂开的牡蛎壳，粗糙的屋顶表面隐藏着"知识的明珠"。

建筑规划通过对周围环境的整合，最大限度地扩大场地规模，使其易于访问。图书馆建筑体量的轻微移动和弯曲为内部空间创造了舒适的入口。较大的建筑体块内设有阅读空间，较小的则设有辅助功能空间，这些空间围绕着开放的中央流通通道，将所有服务空间连接起来。从主入口可以进入配有音像设备的公共活动室。后花园中有一个露台，花园中生长着各种植物，供访客观赏。

足够多的大落地窗使日光照进图书馆，整个空间舒适、宁静，为当地市民提供了适宜的阅读环境，非常符合当代图书馆作为社区学术中心和社会支柱的角色。

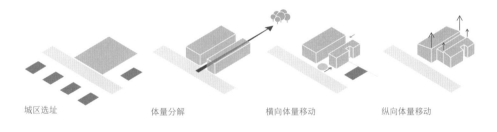

城区选址　　　　　　体量分解　　　　　　横向体量移动　　　　　　纵向体量移动

如何解决场地条件带来的不利因素？

每个场地所带来的挑战都可以转化为机遇。在"水手港图书馆"项目中，原来的场地限制导致人们无法从街道上看到建筑。此外，基地的南面和西面被大型工业建筑包围，北面是一栋小型住宅建筑，东面是街道。因此，我们必须重新定位新的图书馆建筑，并且为光和空气流通创造入口。

在设计过程中，如何全面、客观、不先入为主地提出解决方案？

在设计每一个项目时，建筑师都需要从很多方面进行考虑。尽管如此，还是要相信你的直觉。"水手港图书馆"是一个非常复杂的项目，虽然现在它看起来很

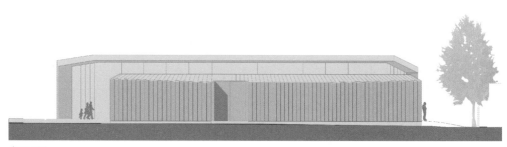

南立面图

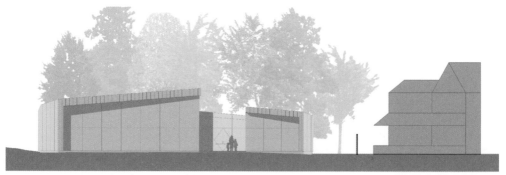

东立面图

简单。客户想要一栋可以从街道看到的单层建筑，要有舒适的入口，以及儿童、青少年和成年人的独立空间、服务空间、行政空间和社区活动室。起初，我们想要设计一个夹层，但是客户想要一个单层空间，所以我们必须重新思考解决方案。

如何使抽象化的空间被感知和体验？

在每一个项目中，我们都从客户的需求和规划出发，深入研究场地的地理位置、历史、文化等。从这些研究和分析中，我们会提出各种想法，以便与客户进行评估和探讨。我们通常会使用物理模型和虚拟效果图进行三维研究，并辅以各类技术图。

如何协调功能、空间、风格和动线之间的关系？

对公共图书馆来说，清晰的流通路线至关重要。我们
设计的通道和入口让访客觉得非常温馨。空间内部的
玻璃"脊梁"是项目的焦点，而服务站则是焦点中的
焦点。儿童、青少年和成年人的阅读空间位于电脑桌
之间的空隙中，那里充满了散射的自然光。每个阅读
区都摆放了舒适的座椅和躺椅。

如何利用规划和想法推进设计？

我们从"裂开的牡蛎壳"这个概念入手，并试图在整
个漫长的评估和设计过程中坚持这一概念。这个概念
受到了客户、使用者和很多项目评估小组的喜爱，唯
一的问题是如何让这个概念真正实现。幸运的是，我
们的客户支持使用金属外壳，于是建筑拥有了一个镀
锌外壳。

我们希望在给定的预算范围内为当地社区完成一个尽可能好的图书馆，但是这项任务似乎十分艰巨。我们使用实体模型结合平面图和剖面图来研究体量，通过效果图来研究建筑内部结构，并尝试用草图呈现变化，与我们的工程师一起验证构建的可能性，然后继续推进设计。

如何准确地理解客户的意图？

就民用建筑而言，我们首先要了解它的规划。这个图书馆是周围社区切实需要的建筑，而且这里居住着很多青少年和儿童。一些由客户提供的构想在设计过程中不断地演变：书架的数量减少了，阅读区域增加了……此外，随着时间的推移，阅读区发生了变化——对客户来说，随时可以使用电脑是相当重要的。

如何将客户的建议融入设计方案？

将读者和图书管理员的需求转化为有意义的设计是非常重要的。如上所述，我们一直没有偏离"裂开的牡

剖面图

蛎壳"这一核心概念。我们了解到，人们对阅读区和图书区等公共空间的需求比行政区域要大得多，于是我们为公共图书馆的基础功能创造了更大的空间，为辅助功能打造了更小、更隐蔽的空间。

如何对自己的方案做出评价和判断？

我们通常会举行评估会议，我们的团队和外部专业人员都会参加这个会议。"水手港图书馆"这个项目的设计过程很漫长。由于它是纽约市的公共建筑，因而必须接受公众的检验，其中包括客户、当地社区委员会和指定的评估小组。起初，我们不确定会发生什么，但实际上，所有这些评论从根本上来说都要求我们不断地改进设计。

如何处理那些未能落地的创意？

对"水手港图书馆"这个项目来说，没有未落地的创意。其核心概念得到了所有人的认可和欢迎，包括客户、使用者、评估者等，这可能是因为我们对周边的历史和地理进行了深入的研究。此外，"裂开的牡蛎壳"这一概念强化了社区的特定身份——它在纽约市的历史和发展中是非常重要的。

如何始终保持既定的设计方向？

我们有丰富的图书馆设计经验，我们喜欢研究图书馆这一类型的建筑，因为它在不断地发展和变化。尽管如此，我们还是经常与我们的客户对设计方案进行协商，确保他们理解设计的每一个方面，并保证设计符合他们对未来图书馆的期待。在这个过程中，我们不得不多次修改内部布局以满足客户的需求，同时注意保持既定的设计方向。

如何对设计的进展做出全面的判断并优化设计过程？

好设计的呈现是一个非线性的过程，其间你会经历各种各样的情绪。如前所述，这个图书馆属于民用建筑，因此它在设计阶段和施工准备阶段都必须经过严格的公共审核过程。作为建筑师，我们必须遵循流程，随时准备应对客户提出的任何要求，并优化设计过程。

如何发现关键问题并寻求解决方案？

在设计的过程中，你会遇到很多问题，但是你要努力去解决它们，达到最高、最富有诗意的标准。对"水手港图书馆"这个项目来说，我们遇到了很多需要解决的关键问题，例如，如何突破场地的限制，引入自然光线和空气，以及确保建筑符合 LEED 认证标准等。通过改变两个体块的集合方式，我们解决了通道的问题，以此迎接那些乘坐公交车、骑自行车或步行到达的访客。同时，我们还设计了一个大型中央玻璃屋顶，在建筑的中央引入自然光线。

在发现可能被忽视的问题方面，团队协作可以起到什么作用？

我们一直采取团队协作的方式工作。我们的公司名为 Atelier Pagnamenta Torriani，为了便于发音，我们将其缩写为 APT。其中，字母"A"代表英文单词"atelier"，

表示"工作室或团队在一起工作"。在开始任何设计之前，我们都会花很长时间来讨论和研究项目。每个团队成员都会提出一个概念，然后大家就各种问题展开讨论，我们通常至少为每个项目准备两个备选方案，由客户进行选择。

如何应对设计过程中的突发状况？

在我们设计"水手港图书馆"时，附近的住户开始担心起来。我们也知道南面和西面的大片工业用地与北面带花园的住宅区形成了鲜明的对比。同时，我们还注意到住宅区的花园内生长着高大的树木。因此，我们非常小心地对两个建筑体块进行了处理：将较大的体块设置在工业用地的地界线上，较小的则沿着住宅区建筑进行布置。另外，我们还在住宅用地上留出了一个空间，使较小的体块略微倾斜，以便露出住宅建筑及漂亮的树木。

"通常我会从场地条件和客户要求入手，通过深入研究和阐释引出想法。"

Paolo Balzanelli
保罗·巴尔扎内利

1990 年，保罗·巴尔扎内利以优异的成绩毕业于米兰理工大学（Polytechnic University of Milan）建筑系。1990 年至 1995 年，他曾任米兰理工大学的助理教授。1995 年至 2000 年，他开始以独立建筑师的身份在米兰、斯特拉斯堡和伦敦等地从事设计工作。2000 年，他在米兰创立了 Paolo Balzanelli//Arkispazio 事务所。保罗与自己的团队共同完成了多个不同规模的项目，如工业区的再开发、博物馆的升级和公寓的翻新。

项目名称 --- Gruppo Cimbali 总部翻新
项目地点 --- 意大利，米兰
完成时间 --- 2016
项目面积 --- 1400 平方米
设计 --- Paolo Balzanelli//Arkispazio 事务所
摄影 --- 杰尔马诺·博雷利（Germano Borrelli）

Gruppo Cimbali 总部委托 Paolo Balzanelli//Arkispazio 事务所修复两座重要的建筑，分别被用作接待和展示空间。修复的目标是创造一个更现代的空间。设计团队通过消除不和谐的建筑元素和强化值得注意的元素，创造出两栋具有当代建筑语言特色的新建筑。

接待楼的标志是一个面向展示楼的"船头"造型。其中，一层空间有两个新的会议室，二层空间则设有露台。"船头"涂有一层

经过预氧化处理的铜制表皮，因为这里所使用的材料与大门相同，也会随时间氧化。

由于拆除了一个弯曲的突出物，展示楼的正面看起来更加完整。预氧化铜板涂层强调了其简单的线性形式，该涂层也被使用在了接待楼的正立面上，从而使这两栋经过翻新的建筑物之间的联系变得更加紧密。

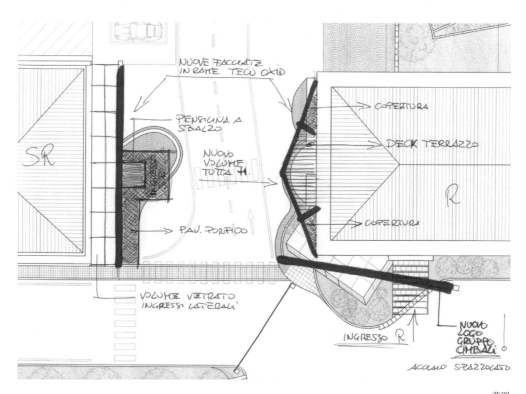

草图

如何解决场地条件带来的不利因素？

对场地进行解读是项目设计的第一步。场地研究不仅要有条理性，更要有创造性。Gruppo Cimbali 总部所在场地情况良好，面积很大，而且便于进出。我们所面临的最大问题是要在不中断公司业务的情况下，对建筑进行局部翻新。项目得以顺利进行归功于施工场地的有序组织，以及对施工工人和总部员工行动路线的细致划分。最终，Gruppo Cimbali 总部的业务从未中断，翻新工作也一天都没有耽搁。

在设计过程中，如何全面、客观、不先入为主地提出解决方案？

当然，重要的是不要先入为主，而是让大脑自由地去创造。接着跳脱出这个项目，以全新的视角审视项目，这

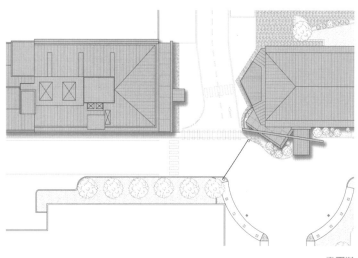

平面图

样做是非常重要的。你可能会注意到一些被忽略的问题。要让你的思想一直保持活跃。

如何使抽象化的空间被感知和体验？

很多时候，我会闭上眼睛，想象自己身处所设计的空间内，然后从空间中穿过，这会给我带来新的想法。对我来说，设计一栋建筑就是创造一个"空间外壳"，人可以在其中移动。这也是建筑与其他视觉艺术的最大区别。

如何协调功能、空间、风格和动线之间的关系？

对于场地、功能和流线的研究是项目形成的基础，这些要素都需要建筑师考虑。当然，任何建筑师都会根据项目自身的特点来解读手中的项目。我们可以试着将眼前的空间想象成一个简单的装饰瓶：装饰瓶的基础功能都一样，却有很多不同的形状——这是由里面

装的液体类型决定的。例如，用来盛水的装饰瓶的设
计要便于注入或倒出液体；而用来装香水的装饰瓶需
要细小的瓶口设计，以此来保护里面的液体，防止其
过快地挥发。因此，协调好各种要素的关键是关注空
间的特定功能。

如何利用规划和想法推进设计？

通常我会从场地条件和客户要求入手，通过深入研究
和阐释引出想法。对"Gruppo Cimbali 总部翻新"项
目来说，最吸引人的部分是对几十年前建造的结构进
行处理，以及对与办公空间的新需求有关的概念进行
完善。

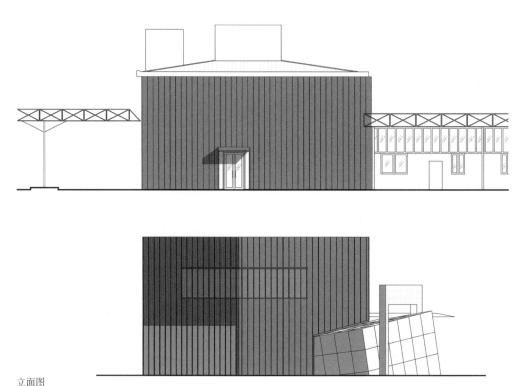

立面图

如何准确地理解客户的意图？

客户的意图和需求是设计中不可缺少的部分。我们会
与每个客户深入沟通，以了解他们对设计方案的想
法。"Gruppo Cimbali 总部翻新"这个项目的客户
Cimbali 家族早在一百多年前就开始专注于咖啡机的生
产了，为他们设计总部办公楼是一个非常紧张且富有
创造性的过程。

如何将客户的建议融入设计方案？

客户的建议对于设计师来说是很好的资源，特别是如果
客户经验丰富，并对项目有清晰的想法。在"Gruppo
Cimbali 总部翻新"这个特殊的案例中，我的客户是世
界上久负盛名的咖啡机制造公司，他们对自己的总部有

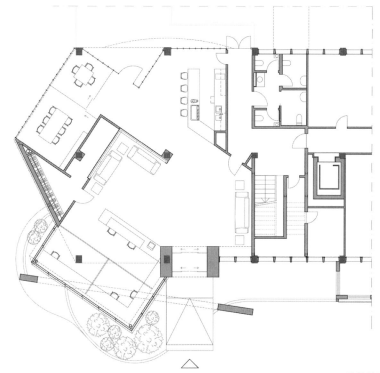

接待楼平面图

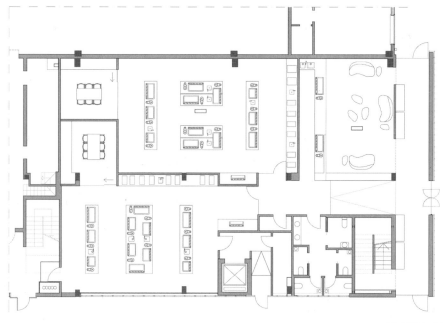

展示楼平面图

明确的期待，所以想要理解他们的想法并不难。然而，建筑师不能止步于理解客户的想法，而是要深入解读，并尽力将这些想法融入自己的设计方案。

如何对自己的方案做出评价和判断？

多年的工作使我找到了一种工作方法：我会先对项目的场地进行深入研究，然后分析客户的要求和想法，并对预算情况进行评估。最终形成的项目概念就是经过这三个阶段诞生的。

从一个项目到另一个项目，真正变化的是我们需要面对的项目主题，以及我们在设计过程中创造的元素，它们会影响建筑的形式和材料的选择，甚至是我们对方案整体上的判断。以"Cimbali Gruppo 总部翻新"项目为例，

这家知名公司的悠久历史给我们留下了深刻的印象——
它在 100 多年前靠生产铜锅炉起家。我非常喜欢铜这种
材料，于是新总部内的高级大吧台由此诞生：3000 个
逆光而设的铜片放射出耀眼的光芒。

如何在复杂、无序的情况下保持好奇心，以创造良好的秩序？

保有好奇心是成为一个更好的设计师和更好的人的基
本要素。如果一个人缺少了"健康的好奇心"，在任
何领域都不会有所进步。

如何处理那些未能落地的创意？

我不认为会存在不能落地的创意，任何一个想法都是
可以随时进行更改的。经过改进和完善，我相信任何
想法迟早都会实现，这只是时间的问题。关于"Cimbali
Gruppo 总部翻新"的诸多想法就是在经历了无数次的
修改后，得到了充分的发展和完善。在项目结束时，
客户为最终成果感到非常兴奋，这也是最令我满意的
项目之一。

如何始终保持既定的设计方向？

从制订设计方案开始，我们就会对设计的方向进行把控，从主体框架逐步延伸到定制家具等细节，力求保证整个项目的一致性。经过深思熟虑的设计会自然而然地展开，直至项目结束，就好像抵达河口的河流顺畅地流向远方。有时建筑师需要暂时停下来，然后以自我批评的态度来审视项目是否在沿着既定的设计方向推进。

如何对设计的进展做出全面的判断并优化设计过程？

在进入项目的实施阶段后，优化设计流程是非常重要的。因此，最好保持条理性，并通过测试的方式进行流程优化。在单调、重复的工作中，使用参数化绘图软件来优化设计是必不可少的。

如何发现关键问题并寻求解决方案？

我们在设计过程中经常会遇到问题，我期待以一种创造性的方式解决问题。有时这些问题可能会给项目带来改善，因为它们会为你提供另一个看待问题的角度。

在发现可能被忽视的问题方面，团队协作可以起到什么作用？

要时刻牢记我们是以团队协作的方式工作的，我们必须要找到各领域的技术顾问来帮助我们。这就是为什么我花了很多时间来建立我的技术顾问和外部供应商网络，这让我可以很容易地对不同功能的项目进行探索，并且在小规模项目和大规模项目之间游刃有余。

如何应对设计过程中的突发状况？

优秀的建筑师必须对将在几个月甚至几年后建成的东西有所预见。然而，问题总是会出现。正如我之前说的，如果你可以冷静地面对它们，并采取一种创造性的方法，这些问题可能会带来意想不到的益处。

"在我们所处的这个忙碌而又过于复杂的时代，克制和简化是含蓄之美所奉行的哲学。"

Fabian Tan
法比安·谭

1997 年，法比安·谭以优异的成绩获得南澳大学（University of South Australia）的建筑学学士学位。毕业之后的 11 年，他一直在吉隆坡和墨尔本的建筑事务所工作，负责住宅、机构、商业建筑和室内项目的设计工作。在此期间，他还积极地探索其他形式的艺术作品，如家具、装置。这些经历促使其于 2012 年创办了自己的事务所。法比安·谭认为空间的本质反映了多个构成要素，如光线、材料、体块以及它们之间的关系。

项目名称 --- Bewboc 住宅
项目地点 --- 马来西亚，吉隆坡
完成时间 --- 2017
项目面积 --- 344 平方米
设计 --- Fabian Tan 建筑事务所
摄影 --- Ceavs Chua

Bewboc 住宅位于马来西亚吉隆坡郊区，年轻的业主夫妇想要一个尽可能不被打扰的生活空间。为了满足业主的需求，设计团队构思了一个简单而大胆的新结构，与目前的热带郊区住宅的传统构造形成鲜明对比。地面层生活空间与场地边界平行，在原有空间和新增空间之间形成了一个三角形的"缺口"，"缺口"可以充当通风采光井，为两侧的房屋带来凉爽的风。

拱形屋顶向外延伸，形成了一个"附属建筑"，创造了新的生活区。拱形的延伸使整个空间看起来是连续的。材料方面，从地板到天花板均采用混凝土材料，也进一步强化了连续性。扩建区域有两扇通往花园的大门，从内到外的视觉连续性将室内空间和大自然连接起来。

上层空间通过曲线和水平线的趣味组合，形成了具有戏剧性的独特背景。书房俯瞰着客厅和旁边可供休息的平台角落；其后方是主卧，那里还有一个开放式阳台。为了中和混凝土拱顶所带来的沉闷感，设计团队特意在上层空间打造了一些开窗。拱顶侧面的倒拱形窗户与正前方的拱形开窗相遇时，形成一个连续的 S 形。开窗和拱门相遇，在上层空间漫步时，住户可以感受到这种连续性在整个空间中回荡。沉闷的结构内有节奏的线条变化，使光线以巧妙的方式照进空间，让人联想到穿越山洞的冒险之旅，有一种看到隧道尽头光亮的感觉。

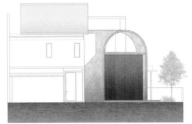

立面图

剖面图

如何解决场地条件带来的不利因素？

这类不利因素并不只有消极的一面，它们是场地环境的一部分。我会努力让它们成为创造性解决方案的一部分。

在设计过程中，如何全面、客观、不先入为主地提出解决方案？

在建筑设计领域中，"解决方案"要解决的是特定场地的限制和客户提出的问题。我不推荐去相关网站上大量查询相关的信息和案例，因为我觉得过多的参考范例会影响建筑师的自主性和创造力。如果没有这些外部影响，建筑师就可以真正关注项目本身，并能够客观地解决设计问题。

如何使抽象化的空间被感知和体验？

在我们参与的所有项目中，我都制作了实体模型，以便将预期空间可视化，并绘制平面图、剖面图和透视图。它们并不是我为客户或者之后的宣传所准备的，而是一个深入研究的过程，反映了我的思考和创意。

如何协调功能、空间、风格和动线之间的关系？

我认为空间的本质反映了光线、材料、体块等构成要素。
我的原则是简化关系：空间、风格和动线为基础性功
能服务。在我们所处的这个忙碌而又过于复杂的时代，
克制和简化是含蓄之美所奉行的哲学。

❶ 主卧
❷ 嵌入式衣柜
❸ 主浴室
❹ 楼梯
❺ 通风竖井
❻ 家庭房
❼ 卧室
❽ 浴室
❾ 休息室
❿ 阳台

二层平面图

❶ 客厅
❷ 餐厅
❸ 走廊
❹ 门厅
❺ 车库
❻ 书房 / 工作室
❼ 储藏室
❽ 通风竖井
❾ 梳妆室
❿ 客用卧室
⓫ 客用浴室
⓬ 杂物间
⓭ 洗衣店
⓮ 干厨房
⓯ 湿厨房
⓰ 露台

一层平面图

如何利用规划和想法推进设计？

在"Bewboc 住宅"项目中，我们从不清晰的边界入手
进行规划和构思。当有了让扩建部分与场地边界齐行
的明确想法后，我们设计了一个打破周围环境却又不
突兀的大胆的结构。

如何准确地理解客户的意图？

开放式交流有助于我们了解客户的意图。如今，来自互联网、家人和朋友的信息使客户应接不暇。"Bewboc住宅"的客户愿望非常简单，这才给了我们很大的发挥空间，最终得以设计出这样大胆的造型。住宅设计

的核心是为客户营造一个舒适的居住环境，这也是我们对客户的最好回应。

如何将客户的建议融入设计方案？

以"Bewboc 住宅"这个项目为例，客户直接提出想要对居住空间进行优化。我们遵循客户的想法，并与客户协商，以确保他们入住之后的空间体验。

如何对自己的方案做出评价和判断？

在项目的每个阶段我都会对设计进行完善，即便在施工阶段也是如此。我试着相信自己的直觉，并愿意进行修改和调整。在"Bewboc 住宅"项目中，很多改动是在现场施工阶段完成的。只有当你暂时放下手中的图纸，

感受现实中的空间时，你才能对你的方案做出新的判断。
另外，我会审视先前做出的决定，对图纸提出质疑，并
判断方案是否与最初的概念相一致。

如何在复杂、无序的情况下保持好奇心，以创造良好的秩序？

无论情况多么复杂，建筑师都应该始终保持好奇心和
学习的习惯。我们在保持好奇心的同时，也可以多进
行各方面的尝试。我试着去深入了解环境，远离网络
的影响，也不为他人的观点所左右。在"Bewboc 住宅"
这个项目中，我们有着清晰的构想。无论情况多么混乱，
我们首先要做的都是解决问题。

如何处理那些未能落地的创意？

我觉得不要有太多的想法。建筑师一开始总是有很多想法，但只有最重要、最合理的那个想法会留到最后。筛选想法的过程至关重要，这个过程会使建筑师做出更为准确的判断。任何未落实的想法都有助于我们在下个项目中做出更精准的判断。

如何始终保持既定的设计方向？

我认为坚持最初的想法意味着在项目的整个过程中，建筑师要不停地问自己一些问题，好的问题与好的答案同样重要。在设计"Bewboc住宅"项目时，我一直在问自己各种问题，例如，"这样做是否与我的想法一致？"或是"这样是不是太简单了？"同时，我会提醒自己如果问题不恰当，答案便也无足轻重。保持

设计方向不偏离项目的主体构思，是一项非常重要的技能。

如何对设计的进展做出全面的判断并优化设计过程？

项目时间表往往在项目刚开始时就已经制订好了。然而，就像生活中的所有事情一样，项目并不总是按计划进行的。在设计"Bewboc住宅"项目时，我也遇到了突发情况，但我只能顺势而为，坦然面对这些问题，并尽我所能去

解决它们。重要的是要牢记：灵活应对各种情况有助于优化过程，而不是延长过程。

如何发现关键问题并寻求解决方案？

通常情况下，关键问题是很容易辨识的，因为它会影响项目的进度。此时，只有两种选择：放弃尝试或者坚持寻找解决方案。在"Bewboc 住宅"项目中，我选择以旁观者的角度去看待问题。很多时候，我们需要跳出设计师或建筑师的身份，成为一个帮助"他人"寻求解决方案的人。

在发现可能被忽视的问题方面，团队协作可以起到什么作用？

项目得以成功落地很大程度上取决于团队的密切合作，我认为良好、有效的沟通非常重要。通过高效率的沟通，团队成员可以发现新问题，这样一来，每个人都能在团队中发挥自己的特定作用。

如何应对设计过程中的突发状况？

有了设计理念之后，我们需要说服客户接受我们的想法。如果我们没有预料到自己的想法会受到挑战，甚至抵制，问题就会出现。在"Bewboc 住宅"项目中，其他人常常会质疑我为什么不选择传统的方式进行设计。我需要不断地提醒自己，应对任何情况都要灵活变通，但也要相信自己的想法。并非所有的问题都与建筑有关，因此，在处理各种关系时，保持开放的心态是应对突发情况的关键所在。